商務
科普館

提供科學知識
照亮科學之路

程一駿◎主編

奇妙的
動物世界

臺灣商務印書館

奇妙的動物世界／程一駿主編. --初版. --臺北市：臺灣商務，2012.04
　　面；　公分. --（商務科普館）

ISBN 978-957-05-2698-1(平裝)

1. 動物　2. 通俗作品

380　　　　　　　　　　　101002519

商務科普館

奇妙的動物世界

作者◆程一駿主編

發行人◆施嘉明

總編輯◆方鵬程

主編◆葉幗英

責任編輯◆徐平

美術設計◆吳郁婷

出版發行：臺灣商務印書館股份有限公司
臺北市重慶南路一段三十七號
電話：(02)2371-3712
讀者服務專線：0800056196
郵撥：0000165-1
網路書店：www.cptw.com.tw
E-mail：ecptw@cptw.com.tw
網址：www.cptw.com.tw
局版北市業字第 993 號
初版一刷：2012 年 4 月
定價：新台幣 320 元

ISBN 978-957-05-2698-1

科學月刊叢書總序

◎—林基興

《科學月刊》社理事長

公益刊物《科學月刊》創辦於 1970 年 1 月,由海內外熱心促進我國科學發展的人士發起與支持,至今已經四十一年,總共即將出版五百期,總文章篇數則「不可勝數」;這些全是大家「智慧的結晶」。

《科學月刊》的讀者程度雖然設定在高一到大一,但大致上,愛好科技者均可從中領略不少知識;我們一直努力「白話說科學」,圖文並茂,希望達到普及科學的目標;相信讀者可從字裡行間領略到我們的努力。

早年,國內科技刊物稀少,《科學月刊》提供許多人「(科學)心靈的營養與慰藉」,鼓勵了不少人認識科學、以科學為志業。筆者這幾年邀稿時,三不五時遇到回音「我以前是貴刊讀者,受益良多,現在是我回饋的時候,當然樂意撰稿給貴刊」。唉呀,此際,筆者心中實在「暢快、叫好」!

《科學月刊》的文章通常經過細心審核與求證,圖表也力求搭配文章,另外又製作「小框框」解釋名詞。以前有雜誌標榜其文「歷久彌新」,我們不敢這麼說,但應該可說「提供正確科學知識、增進智性刺激思維」。其實,科學也只是人類文明之一,並非啥「特異功能」;科學求真、科學可否證(falsifiable);科學家樂意認錯而努力改進——這是科學快速進步的主因。當然,科學要有自知之明,知所節制,畢竟科學不是萬能,而科學家不

可自以為高人一等，更不可誤用（abuse）知識。至於一些人將科學家描繪為「科學怪人」（Frankenstein）或將科學物品說成科學怪物，則顯示社會需要更多的知識溝通，不「醜化或美化」科學。科學是「中性」的知識，怎麼應用科學則足以導致善惡的結果。

科學是「垂直累積」的知識，亦即基礎很重要，一層一層地加增知識，逐漸地，很可能無法用「直覺、常識」理解。（二十世紀初，心理分析家弗洛伊德跟愛因斯坦抱怨，他的相對論在全世界只有十二人懂，但其心理分析則人人可插嘴。）因此，學習科學需要日積月累的功夫，例如，需要先懂普通化學，才能懂有機化學，接著才懂生物化學等；這可能是漫長而「如倒吃甘蔗」的歷程，大家願意耐心地踏上科學之旅？

科學知識可能不像「八卦」那樣引人注目，但讀者當可體驗到「知識就是力量」，基礎的科學知識讓人瞭解周遭環境運作的原因，接著是怎麼應用器物，甚至改善環境。知識可讓人脫貧、脫困。學得正確科學知識，可避免迷信之害，也可看穿江湖術士的花招，更可增進民生福祉。

這也是我們推出本叢書（「商務科普館」）的主因：許多科學家貢獻其智慧的結晶，寫成「白話」科學，方便大家理解與欣賞，編輯則盡力讓文章賞心悅目。因此，這麼好的知識若沒多推廣多可惜！感謝臺灣商務印書館跟我們合作，推出這套叢書，讓社會大眾品賞這些智慧的寶庫。

《科學月刊》有時被人批評缺乏彩色，不夠「吸睛」（可憐的家長，為了孩子，使盡各種招數引誘孩子「向學」）。彩色印刷除了美觀，確實在一些說明上方便與清楚多多。我們實在抱歉，因為財力不足，無法增加彩色；還好不少讀者體諒我們，「將就」些。我們已經努力做到「正確」與「易懂」，在成本與環保方面算是「已盡心力」，就當我們「樸素與踏實」吧。

從五百期中選出傑作，編輯成冊，我們的編輯委員們費了不少心力，包

括微調與更新內容。他們均為「義工」，多年來默默奉獻於出點子、寫文章、審文章；感謝他們的熱心！

　　每一期刊物出版時，感覺「無中生有」，就像「生小孩」。現在本叢書要出版了，回顧所來徑，歷經多方「陣痛」與「催生」，終於生了這個「智慧的結晶」。

「商務科普館」
刊印科學月刊精選集序

◎─方鵬程

臺灣商務印書館總編輯

「科學月刊」是臺灣歷史最悠久的科普雜誌，四十年來對海內外的青少年提供了許多科學新知，導引許多青少年走向科學之路，為社會造就了許多有用的人才。「科學月刊」的貢獻，值得鼓掌。

在「科學月刊」慶祝成立四十周年之際，我們重新閱讀四十年來，「科學月刊」所發表的許多文章，仍然是值得青少年繼續閱讀的科學知識。雖然說，科學的發展日新月異，如果沒有過去學者們累積下來的知識與經驗，科學的發展不會那麼快速。何況經過「科學月刊」的主編們重新檢驗與排序，「科學月刊」編出的各類科學精選集，正好提供讀者們一個完整的知識體系。

臺灣商務印書館是臺灣歷史最悠久的出版社，自一九四七年成立以來，已經一甲子，對知識文化的傳承與提倡，一向是我們不能忘記的責任。近年來雖然也出版有教育意義的小說等大眾讀物，但是我們也沒有忘記大眾傳播的社會責任。

因此，當「科學月刊」決定挑選適當的文章編印精選集時，臺灣商務決定合作發行，參與這項有意義的活動，讓讀者們可以有系統的看到各類科學

發展的軌跡與成就，讓青少年有興趣走上科學之路。這就是臺灣商務刊印「商務科普館」的由來。

　　「商務科普館」代表臺灣商務印書館對校園讀者的重視，和對知識傳播與文化傳承的承諾。期望這套由「科學月刊」編選的叢書，能夠帶給您一個有意義的未來。

2011 年 7 月

主編序

◎──程一駿

在所有的學科中，最吸引人注意的就是動物學。原因無它，動物會動，且為了生存及傳宗接代，會採取各種不同的行為或是生理及生態上的反應，使得這個世界，變得多采多姿。加上動物的演化史與人類如何能主宰這個世界息息相關，因此特別引人注意。在這種情形下，投入研究動物學的人特別地多也特別地早，自然動物學門的發展歷史，也就十分的久遠。

在繽紛的生命世界中，生物多樣性最重要的是物種數量，及生物如何適應多變的自然世界。由於適應不同的環境，及能更有效的利用資源，動物演化出許多的身體型態，及各種生存的方式，以便動物能在激烈的物競天擇中，免於遭到淘汰的厄運，並進一步地增加自己獲取資源的能力，以便在不同物種的競爭中，獲得優勝的地位。同時能在躲避天敵及捕捉獵物上，獲得較大的成功機率。因此會演化出許許多多的物種，及牠們因適應各種不同的環境，和物種間及種內的交互作用，而發展出特殊的生活方式，甚至會改變其生活環境，像是鳥類築巢及螞蟻做窩就是其中最典型的例子。這會使得動物的世界，變得非常多元化，生物多樣性，也因動物的各種生活方式，而得以維繫。由於十分的吸引人，所以「探索」頻道會定期介紹各種動物，以及牠們迷人的生活軼事，而成為自然愛好者津津樂道的話題，及最受歡迎的科

普節目之一，就連該頻道在各大購物中心所成立的專賣店，其商品也成了自然愛好者所收藏的對象。國內長久以來，科普方面的書籍一直十分缺乏，對動物的介紹，亦多集中在動物的飼養及觀賞方面，野生動物及其生態的文章，將有助於國人增加對自然生態的興趣及加強物種保育的觀念。

　　《科學月刊》從創刊號開始，便以推展科普教育為主要的任務。許多中學及大學老師和其他的專業人士，不吝嗇將自己所學的專業知識，寫成易懂的科普文章與大家分享，而成為國內主要科普文章的來源。由於對動物有興趣的作者較多，因此科月中有關動物的文章，比其他學門來得多也較早出現。由於篇幅眾多，我們依文章的性質，分成介紹動物、生態、行為與演化、破壞與保育及開發與利用等五大主題。本書將以介紹奇妙的動物世界及其生態為主。書中介紹各種無脊椎和脊椎動物，和一些十分吸引人的物種如大熊貓及各種活化石等。本書同時介紹動物世界中奇妙的生態，如迷人的珊瑚礁世界、綠蠵龜的洄游、湍流中的生活等等，讓本書增加不少閱讀上的樂趣。由於國內有關介紹野生動物的科普書籍非常之少，本書將成為一本包含陸地和海洋動物的科普書籍，這對國人增加動物的了解，會有很大的助益。

CONTENTS
目錄

主編序　I

認識動物

1　臺灣的蚯蚓
施習德、張學文

17　有趣的無腸貝
陳麗貞

29　世界上最豐盛的海產資源
　　——南極蝦
譚天錫、廖順澤

37　扁泥蟲概述
李奇峰、楊平世

50　蝴蝶漫談
李世元

62　談臺灣的蝴蝶
陳維壽

72　談臺灣的毒蛇
林仁混

83　奇異的蝙蝠
游祥明、譚天錫

98　鹿死誰手？
　　——淺談愛爾蘭巨鹿的滅絕
陳敏（日告）

114　大貓熊的總探討
陳國成

130　海洋裡的活化石
郭立

動物生態

147 物種歧異度
蔡明利

158 海洋的綠洲
——珊瑚礁資源
戴昌鳳

173 海葵在珊瑚礁的大發生
樊同雲、黃意筑、蔡宛栩

188 珊瑚礁魚類的空間分配
張崑雄、詹榮桂

203 小灰蝶與螞蟻的共生
詹家龍、楊平世、徐堉峰

219 急湍中的魚類生態
曾晴賢

232 蛇類的生態適應
杜銘章

247 身世成謎的綠蠵龜
程一駿

臺灣的蚯蚓

◎—施習德、張學文

施習德：任教於國立中興大學生命科學系

張學文：任教於中山大學生物及生命科學系

　　蚯蚓是我們日常生活中最常見的生物之一，但大家對牠的瞭解有多少？臺灣的蚯蚓又有多少種？本文回顧過去臺灣蚯蚓研究的情況，以及目前的現況，希望能拋磚引玉，帶動學者研究臺灣本土蚯蚓的風氣。

就棲息在土壤中的動物而言，無論是由農業或是陸棲生態的角度來看，蚯蚓都是土壤中最重要的生物之一。蚯蚓同時也是野生動物的食物。因此，研究蚯蚓是瞭解野生動物行為與生態的重要方法之一。

　　蚯蚓與人類的關係除了供做釣餌外，也用於食品和藥物。近年來，蚯蚓的養殖業十分發達，由於蚯蚓含有多種氨基酸及豐富的粗蛋白質，因此在歐美日等國，常用於烘焙餅乾、麵包，並當作肉類

的代用品，也有以蚯蚓肉和牛肉混合製成的漢堡包，以及蚯蚓粉末製成的健康食品。在中國大陸的蚯蚓多半是當作中藥材使用，又稱作「地龍」。根據記載地龍對小兒驚風、中風半身不遂、水腫及哮喘等症狀具有療效，目前已成功提取「蚓激」入藥。

略說蚯蚓的生殖生理

一般蚯蚓具有以下主要特徵：兩側對稱、外部分節（內部有相對應的分節）、除了前兩節外，每一體節都有剛毛、身體外層有環肌、內層有縱肌。消化管基本上是一條由前向後的縱向管子，排泄作用依賴肛門或是特別的器官（腎管）。呼吸作用主要是經由皮膚進行。

一般蚯蚓的生殖方式是，當個體成熟時，會將卵產於卵繭（cocoon，在脹大的環帶內形成）當中，再將卵繭推送至前節。孵出的年幼個體直接在卵內發育，與成體形態相似，並不經過幼體期（larval stage）。然而，某些蚯蚓種類也具有孤雌生殖的方式。

臺灣的蚯蚓種類

臺灣蚯蚓動物相關的研究尚未完成，已記錄的種類並不算太多，[1]

---

1. 臺灣蚯蚓資訊網網址 http：//www.mbi.nsysu.edu.tw/iddler/worm/earthwrm.htm

最早是 1898 年日本學者五島清太郎、井新喜司（Goto and Hatai）的報告；1996 年則有陳俊宏、施習德的報告。採集地點多集中在北臺灣（宜蘭、臺北、桃園、新竹、苗栗地區），少數在南臺灣（高雄、屏東地區），其他地區則缺乏詳細的調查（圖一），因此應仍有許多種類尚待發現。另外，還有些種類僅有學名而無任何描述，再加上大多數標本並沒有保存下來，因此有些種類的記錄可能會有錯誤。

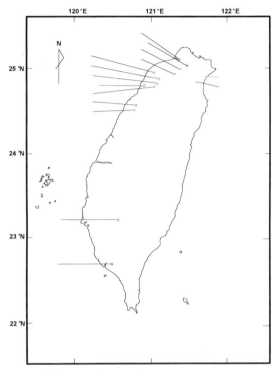

圖一：根據現有文獻，臺灣蚯蚓研究所採集過記錄點。其中，臺灣中部的「Tsing-Chao Maa」由於無法確認地點，並未列入（Shih et al., 1999）。

臺灣的蚯蚓種類共記錄有九屬二十六種，大多屬於環毛蚓類（Pheretima group），其中更以遠環蚓屬的十六種最多（表一）。環毛蚓類是世界上種類最多的一類蚯蚓，正式記錄已有七百多種，原

表一：臺灣目前所產蚯蚓種類（Shih et al., 1999）

Phylum Annelida　環節動物門

Class Oligochaeta　貧毛綱

Order Moniligastridae　鏈胃蚓目

  Family Moniligastridae　鏈胃蚓科

    Drawida japonica（Michaelsen, 1892）　日本杜拉蚓

Order Haplotaxidae　單向蚓目

Suborder Lumbricina　正蚓亞目

  Family Lumbricidae　正蚓科

    Aporrectodea trapezoides（Dugs, 1828）　梯形阿波蚓

    Bimastus parvus（Eisen, 1874）　微小雙胸蚓

  Family Megascolecidae　鉅蚓科

    Perionyx excavatus Perrier, 1872　掘穴環爪蚓

    Amynthas aspergillum（Perrier, 1872）　參狀遠環蚓

    Am. candidus（Goto and Hatai, 1898）　光澤遠環蚓

    Am. corticus（Kinberg, 1867）　皮質遠環蚓

    Am. formosae（Michaelsen, 1922）　臺灣遠環蚓

    Am. gracilis（Kinberg, 1867）　纖細遠環蚓

    Am. hsinpuensis（Kuo, 1995）　新埔遠環蚓

    Am. hupeiensis（Michaelsen, 1895）　湖北遠環蚓

    Am. incongruus（Chen, 1933）　參差遠環蚓

    Am. minimus（Horst, 1893）　微細遠環蚓

    Am. morrisi（Beddard, 1892）　牟氏遠環蚓

    Am. omeimontis polyglandularis（Tsai, 1964）　多腺峨嵋遠環蚓

    Am. papulosus（Rosa, 1896）　丘疹遠環蚓

    Am. robustus（Perrier, 1872）　壯偉遠環蚓

    Am. swanus（Tsai, 1964）　絲婉遠環蚓

    Am. taipeiensis（Tsai, 1964）　臺北遠環蚓

    Am. yuhsi（Tsai, 1964）　友燮遠環蚓

    Polypheretima elongata（Perrier, 1872）　長形多環蚓

    Metaphire californica（Kinberg, 1867）　加州腔環蚓

    M. posthuma（Vaillant, 1869）　土後腔環蚓

    M. schmardae schmardae（Horst, 1883）　舒氏腔環蚓

    Pithemera bicincta（Perrier, 1875）　雙帶近環蚓

  Family Octochaetidae　八毛蚓科

    Dichogaster bolaui（Michaelsen, 1891）　包氏重胃蚓

本歸類於環毛蚓屬（genus Pheretima）之下，但由於過於龐大，因此大英博物館的西姆斯（R. W. Sims）和伊斯通（E. G. Easton）在 1972 年利用表型分類法（phenetics）將之分成八個屬，之後又陸續發表文章修正此分類系統，目前環毛蚓類共分為十個屬，其演變過程可見圖二。

關於臺灣的蚯蚓種類，由於早期大部分是日本學者研究的，因

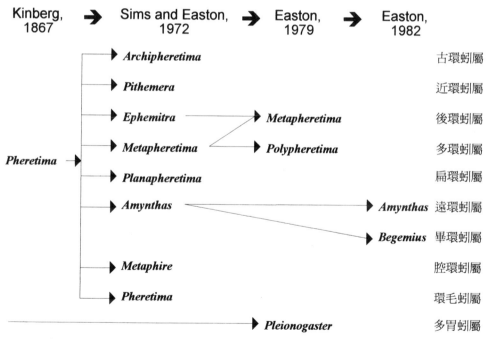

圖二：現今環毛蚓類蚯蚓分類系統的演變過程（Shih et al., 1999）。

此我們根據伊斯通對日本蚯蚓的整理為原則，一些臺灣的種類均有變動。異毛遠環蚓（*Am. diffringens*）應為皮質遠環蚓（*Am. corticus*）；夏威夷遠環蚓（*Am. hawayanus*）應為纖細遠環蚓（*Am. gracilis*）；結縷遠環蚓（*Am. zoysiae*）應為微細遠環蚓（*Am. minimus*）；典雅遠環蚓（*Am. lautus*）為壯偉遠環蚓（*Am. robustus*）；洛氏遠環蚓（*Am. rockefelleri*）和梭德氏丘疹遠環蚓（*Am. papulosus sauteri*）均應為丘疹遠環蚓（*Am. papulosus*）。另外，曾有報導亞洲遠環蚓 *Am. asiaticus* 的研究，由於缺乏描述，也無其他記錄，因此本種暫不列入臺灣的蚯蚓名錄中。

臺灣蚯蚓的中文命名

蚯蚓的中文名稱，以往臺灣都採用中國的名稱，或是日文的翻譯，甚至作者自行命名，因此造成很大的混亂。目前我們採用學名的原意，即一個中文種名加上中文屬名，這樣可以忠實的表達原作者當初命名的準則，至於屬名以上層級的稱呼由於牽扯範圍較大，則盡量使用已有的名稱。

關於 Class Oligochaeta 和 oligochaetes 的稱呼，臺灣與中國所常用的稱呼並不同，臺灣多稱為「貧毛綱」和「貧毛類」，而中國則使用「寡毛綱」和「寡毛類」，兩種稱呼都符合字面意義，我們目前

保留臺灣的慣用法。Family Lumbricidae 曾被稱為「正蚓科」或「帶蚓科」，但臺灣目前較少使用，因此採用中國慣用的稱呼「正蚓科」。另外，臺灣種類較多的 Family Megascolecidae 名稱就有一些不同見解，由字面意義來看，megas 是「巨、大」，skolex 則是「蟲」的意思（並非指頭部），也就是指「大型的蟲」，中國目前稱為「巨蚓科」，這是因為「巨」是「鉅」的簡體字，中國早期還使用繁體字的年代，均稱作「鉅蚓」，甚至中國蚯蚓權威陳義在 1974 年病逝前的許多著作還不免習慣性的使用「鉅蚓」字眼，我們既然使用繁體字，就應該有一致性。

　　環毛蚓的屬名是 Pheretima，但「環毛蚓」的稱呼，是來自無效的舊屬名 Perichaeta，然而，由於中國學者使用甚多，也沒有其他適合的名稱可取代，因此予以沿用。近年來，環毛蚓類拆開成許多的屬，許多新屬名除了加上字首比較容易理解之外，有些甚至是將 Pheretima 此字的字母排列組合，例如 Pithemera、Ephemitra、Metaphire，使得中文稱呼上十分困難，此時只好根據各屬的特徵來命名，並兼顧屬於環毛蚓類的名稱，例如中國學者將 Pithemera 命名為「近盲蚓」，表示這屬環毛蚓的盲腸（或稱盲囊）是位於身體比較前面的位置，而 Amynthas 就命名為「遠盲蚓」，Metaphire 由於有交配腔，因此命名為「腔環蚓」。但近年來有些中國學者又將近盲

蚓、遠盲蚓的「盲」改為「環」，以配合環毛蚓下各屬的中文稱呼，也就是都有「×環蚓」的字眼，筆者認為這樣較為合理，因為「遠盲」或「遠環」在一般人看來，都難以想像其原本意義，若均改為「×環蚓」反而有助於認定其原屬於環毛蚓類。

林奈創立二名法，將物種賦予獨有的拉丁化學名，也就是「屬名＋種名」，然而，一般人實在難以記憶這些難懂的學名，因此將每一物種給予一個該國語文的名稱是十分自然的，在溝通上也比較容易。日本學者習慣將新記錄的物種，另行訂定一個原發現者覺得它應該有的稱呼，但屬名有時也沒有特別稱呼，例如 posthuma 為「印度普通蚯蚓」，papulosa 為「蘇門答臘蚯蚓」等，就連普遍使用「中文種名＋中文屬名」的中國也不免有些例外，例如 californica 應為「加州」的意思，然而，中國發現者認為所指的就是古書的「白頸」蚯蚓，因此給予「白頸」的稱呼，但這些種名原本就有其特定意義，不宜再橫生枝節的另訂名稱，本文則遵照命名者原意的方式來稱呼。

命名的依據

在此將臺灣蚯蚓的學名意義做個簡介，可使讀者瞭解原作者有趣的命名原意，並體會我們訂定臺灣蚯蚓中文名稱的根據。

Drawida 稱「杜拉蚓」，命名者採用印度南部民族「杜拉族」（Drawidian）的名稱而取得，該地有二十七種之多，是這屬的發源地；種名 japonica 即是「日本」或「大和」的意思。

Aporrectodea 暫時無法得知該字原意，因此以音譯「阿波蚓」暫代；種名 trapezoides 是「梯形」的意思。

Bimastus 的 bi- 是「兩個」，mastos 是「胸部」，此屬蚯蚓的環帶為馬鞍狀，在腹面分離，像是有兩個胸部，因此稱「雙胸蚓」；種名 parvus 表示「微小」。

Perionyx 按字面上意思，為「環」（peri-）「爪」（onychos）；種名 excavatus 則為挖洞的意思；因此稱為「掘穴環爪蚓」。

Dichogaster 的 dicho- 是「雙、重」，gaster 則是「胃」，此屬蚯蚓具有二個砂囊，因此稱為「重胃蚓」；種名 bolaui 為人名，以「×氏」的原則稱呼，因此稱為「包氏」。

（一）環毛蚓的屬名

目前全世界的環毛蚓類可分為十屬，Pheretima 依其舊屬名 Perichaeta 稱為「環毛蚓」，此類蚯蚓每個環節上的剛毛為環狀排列，其他蚯蚓則多呈四對排列。以字首意思命名則有 Archipheretima 古環蚓屬、Metapheretima 間環蚓屬、Planapheretima 扁環蚓屬、Polypheretima 多環蚓屬；Begemius 是以澳洲蚯蚓專家 B. G. M. Jamieson 的名字命名的，因此暫稱為「畢環蚓」；Pleionogaster 的字首是「多」（pleion）的意思，因此稱為「多胃蚓」。其他屬名則很難決定其意義，例如 Metaphire 和 Pithemera 都是將 Pheretima 的字母排列組合而成，因此依其特徵來命名，因此依盲腸的遠近位置來判別，位於較近的（盲腸起源於第二十二節）為 Pithemera 近環蚓（舊稱近盲蚓）；較遠的（盲腸起源於第二十五至二十七節）為 Amynthas 遠環蚓屬（舊稱遠盲蚓）；而 Metaphire 由於雄孔開口於交配囊（copulatory pouch）的腔內，因此稱為「腔環蚓」。

（二）環毛蚓的種名

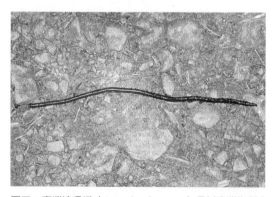

圖三：臺灣遠環蚓（Amynthas formosae）是以臺灣為種名所命名的蚯蚓，屬於臺灣山區常見的大型蚯蚓，體長可達四十公分以上，雨後常出現在山路上。圖中蚯蚓後方為新版一元硬幣（直徑兩公分）。

至於環毛蚓類種名的部分，以地名命名的有 formosae 臺灣（圖三）、hsinpuensis 新埔、hupeiensis 湖北、omeimontis 峨嵋、taipeiensis 臺北、californica 加州（舊稱白頸）。以人名命名的有 morrisi 牟氏（舊稱毛利）、swanus

絲婉（舊稱蘇瓦那）、yuhsi 友燮（舊稱吉）、schmardae 舒氏（舊稱舒脈）。

　　以整體外貌來命名的有 candidus 光澤（舊稱肯地達）、corticus 皮質、gracilis 纖細、minimus 微細、robustus 壯偉、elongata 長形（舊稱回游）。

　　以某部位的特徵命名的有aspergillum參狀（舊僅稱參）（指雄孔上乳突的排列類似灑出的水滴貌（aspergo）或類似人參的根部形狀）、incongruus 參差（舊稱異駢）（指前列腺、受精囊、壺狀體均呈不一致的發育）、polyglandularis 多腺和 papulosus 丘疹（舊稱蘇門答臘）（均指在受精囊孔和雄孔附近具有許多的乳突腺體）、bicincta 雙帶（舊稱菲律賓）（僅按字面意義稱為「雙」（bi-）「帶」（cinctus），可能指五對受精囊孔在側腹面呈兩條帶狀，也可能指背、腹血管十分明顯）。

　　以生態習性命名的有 posthuma 土後（舊稱印度普通），此類蚯蚓常在洞口附近堆積由肛門排出的糞土（又稱糞堆、蚓塿）（圖四），因此稱為「土後」。

研究現況

　　在臺灣所記錄發表的新種蚯蚓共有九種，但目前僅有三種的模

圖四：土後腔環蚓（Metaphire posthuma）常在洞口附近堆
積排出的糞土。

式標本還保存於博物館當中；對於其他以臺灣為模式產地的蚯蚓種類，就只能依賴文字或圖片的記載來確定，[2] 這是十分可惜的事情。許多學校的學者在研究某類物種之後，因沒時間、或因經費、退休等因素，常無法妥善管理這些標本。特別是蚯蚓這類軟綿綿的動物，在保存液揮發之後就容易損毀，不似螃蟹、貝類等有硬殼的動物，因此最好的方法就是盡快將標本送至博物館保存，至少模式標本必須如此做。

除了文獻中記載的標本多數都損毀外，鄰近地區的相關文獻難以齊全也是困難之一。由於蚯蚓很容易因人為的攜帶而傳至其他地區，特別是農地、花圃、草地都可能出現外來的蚯蚓物種，但許多有關蚯蚓的文獻都在當地的期刊上發表，一般研究人員並不容易找

2. 臺灣蚯蚓的研究史請參閱 Shih 等人發表的 A review of the earthworms Annelida：Oligochaeta from Taiwan，以及本文所附的參考資料。

到這類刊物，增加了文獻搜集的困難，也容易產生同物異名的無效種。無論如何，初步臺灣地區的蚯蚓文獻整理已經完成，接下來是鄰近地區的文獻搜集，例如中國、日本、韓國、菲律賓與

東南亞地區的文獻，最後才漸次擴及世界其他地區的蚯蚓文獻。因此在進行臺灣蚯蚓動物相的研究時，豐富完整的參考文獻也是必備的資訊之一。

結語

　　臺灣的動物分類資源多集中在脊椎動物上，無脊椎動物僅有昆蟲獲得青睞，海洋無脊椎動物在一些研究單位的投入之後已漸被重視，非昆蟲的陸域無脊椎動物就處於三不管地帶，例如蚯蚓、蜈蚣、馬陸、蠍子與蜘蛛都少有研究單位願意投入，然而陸域無脊椎動物是我們日常生活都會接觸到的，因此這方面的人才需求更加迫切。

　　加拿大的蚯蚓專家 John W. Reynolds 擔心人才斷層，近二十多年

來不斷地呼籲蚯蚓分類的專才對生態學、農業、博物館及其他領域都是十分重要且迫切的，在相關單位的經費支持之下，北美地區已有幾位卓越的蚯蚓分類專家。我們目前的蚯蚓基本資料做的不夠完整，應該趁現在趕緊追上其他國家的水準，否則我們可能永遠都沒有我們本土動物的完整資料。

（2000 年 4 月號）

參考資料

1. Easton, E. G., （1976）, Taxonomy and distribution of the *Metapheretima elongata* species-complex of Indo-Australasian. Bull. Br. Mus. Nat. Hist.（Zool.）30 : 31-52.
2. Easton, E. G., （1979）, A revision of the 'acaecate' earthworm of the Pheretima group （Megascolecidae : Oligochaeta）: Archipheretima, Metapheretima, Planapheretima, Pleionogaster and Polypheretima. Bull. Br. Mus. Nat. Hist.（Zool.）35 : 1-126.
3. Easton, E. G., （1980）, Japanese earthworms : a synopsis of the Megadrile species （Oligochaeta）. Bull. Br. Mus. Nat. Hist.（Zool.）40 : 33-65.
4. Gates, G. E., （1959）, On some earthworms from Taiwan. Amer. Mus. Novitates 1941 : 1-19.
5. Goto, S. & S. Hatai, （1898）, New or imperfectly know species of earthworms. No. 1. Annot. Zool. Japon. 2 : 65-78.
6. Kobayashi, S., （1938）, Occurrence of Perionyx excavatus E. Perrier in North Formosa. Sci. Rep. Tohoku Imp.Univ.（B）13 : 201-203.

7. Kuo, T. -C., (1995), Ultrastructure of genital markings in some species of Pheretima, Bimastus and Perionyx in northern Taiwan. Nat. Hsinchu Teach. Coll. J. 8 : 181-199.

8. Michaelsen, W., (1922), Oligochaten aus dem Rijks Museum van Natuurlijke Historie zu Leiden. Cap. Zool. 1 : 1-72.

9. Reynolds J. W.,and D. G. Cook., (1976), Nomenclatura Oligochaetologica : a catalogue of names, descriptions and type specimens of the Oligochaeta. Fredericton, Canada : University of New Brunswick.

10. Shih, H. -T., H. -W. Chang & J. H. Chen, (1999), A review of the earthworms (Annelida: Oligochaeta) from Taiwan. Zool. Stud. 38: 434-441.

11. Sims R. W.,and E. G. Easton., (1972), A numerical revision of the earthworm genus Pheretima auct. (Megascolecidae : Oligochaeta) with the recognition of new genera and an appendix on the earthworms collected by the Royal Society North Borneo Expedition. Biol. J. Linn. Soc. 4 : 169-268.

12. Tsai C.-F., (1964), On some earthworms belonging to the genus Pheretima Kinberg collected from Taipei area in north Taiwan. Quart. J. Taiwan Mus. 17 : 1-35.

13. 小林新二郎（1939），〈臺灣新竹の蚯蚓 I, II〉，《動物學雜誌》，51：659-660, 777-779。

14. 小林新二郎（1940），〈臺灣新竹の蚯蚓 III, IV, V〉，《動物學雜誌》，52：120-121, 274,390-391。

15. 小林新二郎（1940），〈大和珠數胃ミミズ Drawida japonica （Michaelsen）の本邦に於分布の由來〉，《科學》，10：504。

16. 小林新二郎（1941），〈九州地方陸棲貧毛類相の概況〉，《植物及動物》，9：511-518。

17. 小林新二郎（1941），〈西日本に於ける陸棲貧毛類の分布概況〉，《動物學雜誌》，53：371-384。

18. 小林新二郎（1941），〈四國，中國，近畿及中部諸地方の陸棲貧毛類に就て〉，《動物學雜誌》，53：258-266。

19. 高橋定衛（1932），〈臺北に產する一種のミミズ（Pheretima sp.）の體長と體節〉，《博物學雜誌》，30：10-14。

20. 高橋定衛（1932），〈臺北產ミミズの一種 Pheretima sp. の形態變異に關する研

究〉，《動物學雜誌》，44：343-360。

21. 高橋定衛（1933），〈ミミズの一種 Pheretima sp. の未成熟體に就いて〉，《博物學雜誌》，31：17-22。

22. 張文亮（1992），〈蚯蚓活動改變表土入滲之研究〉，《農業工程學報》，38：62-68。

23. 郭登志（1987），〈臺灣紅蚯蚓（Pheretima asiatica）之繁殖，成分分析及其對土壤之肥效〉，《生物科學》，30：7-15。

24. 郭登志（1993），〈臺灣環毛屬（genus Pheretima）蚯蚓性標識及種的檢索表〉，《花蓮師院數理教育系專刊》，1：1-13。

25. 郭登志、黃益田（1993），〈五種常用農藥對雙胸蚓 Bimastus parvus Eisen 之致死效應〉，《中華農學會報》，162：33-41。

26. 陳俊宏、施習德（1996），〈福山植物園區蚯蚓種類與分布之研究〉，《生物科學》，39：52-59。

有趣的無腸貝

◎──陳麗貞

畢業於中山大學海洋生物研究所

沒 有腸子的貝類 Solemya（見圖一 A），在分類學上是屬於二枚
貝綱（Bivalvia）、原鰓亞綱〔protobranchia；亦有人說隱齒亞
綱（cryptodonta）〕、芒蛤目（Solemyoida）、芒蛤上科（Solemya-
cea）、芒蛤科（Solemyidae）的底棲性生物，本屬貝類消化道大多
退化，有些種類的腸道甚至已完全消失，並且無消化腺體的結構，
但鰓上有許多屬於胞內共生的共生菌存在。由於臺灣尚無此屬記
載，因此並無中文譯名，在此我們稱呼它為「無腸貝屬」。

這些貝類分布在溫帶及熱帶海域，淺自潮間帶、深至 2,000 公尺
的深海皆有其蹤跡。由於無腸貝具有游泳能力，因此，自 1900 年來
便引起貝類學家的注意，尤其是其中的無腸貝 S.reidi，不但無口及
腸，且棲息於淺海硫化氫濃度很高的區域，更引起多數人的興趣，
想探討這種貝類如何適應此種特殊環境。本文將對此無腸貝類的研
究成果，包括棲所特徵及無腸貝在適應該特殊環境下，牠的外部形

A.

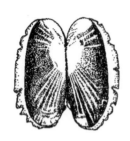

B.

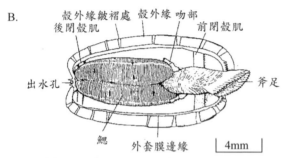

殼外緣皺褶處　殼外緣　吻部
後閉殼肌　　　　　　前閉殼肌

出水孔　　　　　　　　　　　斧足

鰓　　外套膜邊緣　　｜4mm｜

圖一：A.為無腸貝的外形，因表殼上有許多如光芒般的淡色條
紋，故又名「芒蛤」，殼外緣如膜狀的部位則是殼未鈣化的
地方。B.為無腸貝的內部構造。

態、游泳行為、內部結構及胚胎發育等特色，作一介紹。

無腸貝的外形

　　無腸貝棲息在水深四十至二百公尺之間，污水放流口或紙漿廠廢水排放口附近等硫化氫濃度相當高的地區。曾有報導說牠們的居處附近所測得的硫化氫離子（HS-）濃度高達 0.022 莫耳／公升。一般而言，硫化氫濃度約在 0.001 莫耳／公升就可將貝類殺死。因為，在行有氧呼吸的生物體內，有一種負責電子傳遞的蛋白質叫「胞色素c」（cytochrome c），此種蛋白質的活性會受到硫化氫離子的抑制，所以除非有特殊的適應方式，否則生物難以在硫化氫離子濃度高的地區存活。在這些高硫化氫濃度地區內，除了少數二枚貝如 Thyasira 及 Macoma 屬的個體外，其他的生物極為少見，而無腸貝在這些地區的密度每平方公尺

至少在十六隻以上，是這些地區的優勢種。

　　無腸貝的體形不大，通常都小於五公分，殼非常薄且平滑，呈長橢圓形，前後端較細長，上有許多輻射狀紋路，殼的外緣未完全鈣化而呈現膜狀皺摺，是本屬的特徵。此外，本屬無絞齒，韌帶在殼外，在殼的前後各有一個強而有力的閉殼肌（見圖一 B）。外套膜腔的開口在前端，斧足就由此伸出體外，其上有許多乳狀突起，出水孔位於體後方但無入水孔，斧足後接著一對較一般貝類大得多的鰓，如口還存在，則位於鰓及腹足的交接處。鰓是由許多盾板狀的鰓葉所組成，每個鰓葉之間則以幾丁質骨骼連接起來，鰓中間則包著上鰓腺，另外，斧足上亦有足腺，這兩個腺體都和分泌黏液有關，且皆較其他一般螺貝類同功能的腺體大得多。

　　由於無腸貝可快速游泳，因此牠的游泳機制引起許多貝類學家的注意。據觀察，無腸貝能利用外套膜在前端的開口將水包入外套膜腔內，前後閉殼肌快速的收縮，將水迅速的由位於體後方的出水孔擠出，借由此種反射力量使牠能快速前進，且每隔 1～2 秒鐘即可再重複此動作，可連續達 1.5 分鐘。在游泳時斧足所扮演的角色，可能和方向的控制有關。牠的游泳能力乃是對環境適應的結果。因為無腸貝所處的環境是污水放流口或紙漿廢水放流口附近，據觀察這些地方的懸浮粒子及碎屑皆相當多，所以無腸貝若不能快速游泳，

就極容易被掩埋。

消化腺僅是無功能的退化器官

　　無腸貝是一種雌雄同體，體外受精的貝類，在生殖季節時將精卵排於水中而達到受精目的，至於是否有自體受精的現象則不得而知。體內除了油脂腺、腎管、血管、生殖腺、上鰓腺及足腺外，就沒有發現其他的管狀結構，也未發現牠有消化腺的輸送管。

　　本屬貝類消化管大多退化，只剩口及食道，而無腸貝成體不但無口亦無食道。古斯塔夫生（Gustafson）及雷德（Reid；1986 及 1988a）以光學顯微鏡及電子顯微鏡研究胚胎發育過程，發現無腸貝的周邊液泡幼體（pericalymma larva）發育到第三天，就已出現腸道，第五天時即可明顯地看到口、食道、胃、直腸及肛門，但食道和胃的內腔並沒有相通，而胃和直腸的內腔亦不相連，在七天後，已變態的幼體其胃即消失。因變態時，位於胚胎最外層的甲殼細胞（testcell）[1]會經口及食道進入胚胎內部並逐漸瓦解，故推測除食道還有功能外，其他的消化腺如胃、直腸及肛門等，在無腸貝的發育

---

1. 在隱齒亞綱及古多齒亞綱（Palaeotaxodonta）的胚胎發育初期，為非攝食階段，其胚胎最外層細胞叫做「甲殼細胞」。這些細胞內通常都有大液泡而外圍則有許多纖毛，此時期的幼體叫「甲殼細胞幼體」或叫「周邊液泡幼體」。

過程中，僅是一些無功能的退化器官。

　　前面提到無腸貝的鰓細胞內有細菌共生，然而無腸貝鰓細胞內的共生菌是在何時並如何進入鰓細胞呢？有人推測這些細菌可能是以一種未知的形式，存在於親代的卵中再傳給子代。據古斯塔夫生及雷德（1988b）的研究顯示，在親代的卵及精子中均未發現細菌的存在，而在發育到第三天的胚胎中，幾乎每個甲殼細胞都出現許多的「均質顆粒」（granular vesicles）；到第四天時，這些均質顆粒中就有液泡及數個細菌狀的顆粒產生；第五天變態時，在胚胎甲殼細胞和體內組織間的空腔中，便發現有細菌，且這些細菌和親代鰓細胞內的共生菌一樣，皆為革藍氏陰性菌；變態後甲殼細胞經口進入胚胎內部並逐漸瓦解，所以類似的細菌便散布在體內。但此時鰓細胞內尚無此種細菌，據推測，細菌在無腸貝的幼體中須再經歷一個轉換的階段，才能由甲殼細胞進到鰓細胞內。然而，真象如何則有待進一步研究。

　　由於無腸貝成體無口及食道，因此，關於牠如何吸收營養以維持生存又是另一個有趣的問題。

無腸貝如何吸收營養？

　　由於無腸貝 *S. reidi* 不具口及消化腸道，又生活在高硫化氫污染

的區域，因此，有關無腸貝如何攝取營養以維生，亦受到相當廣泛注意。一般對牠的營養來源之說法有四種：

一、經由鰓吸收溶於水中的游離有機分子：因為無腸貝棲息在污水放流口等有機分子濃度相當高的地區，且鰓非常大，鰓內並有許多血竇分布，鰓絲上有許多纖毛，故推測這些有機分子經水流帶至外套膜腔並附著在鰓上，再由細胞吸收，其中不需要的雜質則經由纖毛運動快速排除。

二、在外套膜腔內行胞外消化，消化後的營養分子再經由外套膜或腹足表皮細胞吸收：因為在足腺及鰓絲末端上測得有和能量代謝有關的消化酶存在，故推測牠可能行胞外消化，再經由主動運輸將這些營養物運送入體內。

三、以棲所附近的細菌為食物：由於這些棲所有高濃度的有機質，因此有許多分解有機質的細菌存在，無腸貝即以這些細菌為營養來源。

四、與細菌共生獲得能量：鰓細胞內的共生菌氧化環境中的硫化氫，利用其所產生的能量將碳固定或將氮還原，提供無腸貝所需的營養物質。

由於前三種說法缺乏進一步實驗的證明，且多數研究均顯示無腸貝的營養來源和其體內共生菌有密切關係，故以下即針對此點做

一概述。

　　據研究，無腸貝和細菌共生獲得能量的形式和卡瓦惱（Cavana-ugh）等人（1981）所述一種居住在深海熱泉（hydrothermal vent）的大管蟲 *Riftia pachyptila* 非常相似。所謂深海熱泉乃指深海（3,000 公尺左右）中地層不穩定處，在這些地方不時的會冒出熱水、熱氣或一些硫化物。已往人們都認為在深海沒有大生物族群的存在，但1977 年在靠近加拉巴哥斯群島附近的深海熱泉，卻撈到多量的生物，這些生物包括大管蟲、甲殼類、二枚貝等，體型較一般常見的同類生物龐大，其中以大管蟲的數量最多。

　　這種固著性大管蟲體長大多在一公尺以上，但卻無口及消化道。1981 年卡瓦惱等人研究顯示，大管蟲的體腔中有許多顆粒狀物稱之為「營養體」（trophosome）。據研究每一克重的營養體約含有十億個細菌，而在大管蟲血液中則有一種可和硫化氫鍵結的蛋白質，此種蛋白質能將環境中的硫化氫運送到體內的營養蟲，讓共生的細菌利用。如此生物體不但免於受到硫化氫的毒害，還能供給細菌硫化氫，讓細菌氧化硫化氫成無毒的硫酸根，並產生能量製造有機碳及氮化合物，供大管蟲利用。

粒線體有令人訝異的作用

因為無腸貝和大管蟲有許多相似處（見附表），故有人推測牠們的營養方式可能是一樣的。費爾貝克（Felbeck, 1983）研究顯示，無腸貝有加速硫化氫氧化成硫酸根的能力。在這研究中亦證明了無腸貝的鰓有固碳能力，初期（4～16 秒）這些被固定的碳大多以蘋果酸及天門冬酸這二種形式存在最多，而在二至二十四小時之培養後發現，天門冬酸的比例一直偏高，但蘋果酸則迅速下降，而麩胺酸這種胺基酸和琥珀酸（succinate）等碳氫化合物則逐漸增加，故推測天門冬酸可能為中間代謝產物。然而，這些實驗仍不能說明硫化氫氧化及碳固定，究竟是在共生菌或鰓細胞內進行。因此，費雪（Fis-

表：無腸貝和大管蟲的特徵及生活環境的異同

相同點

　　1.棲息環境附近都有特別的能量來源，一為污水放流口，另一則為深海熱泉，且當地硫化氫的濃度很高；2.為當地優勢種；3.體內都有共生菌共生；4.無口及消化道。

相異點

	無腸貝	大管蟲
1.棲所深度	40～100 公尺	2,500～3,000 公尺
2.體長	＜ 5 公分	＞ 1 公尺
3.成體的游泳能力	強	無
4.細菌共生的位置	鰓細胞內	體腔內的營養體

her）和齊爾屈斯（Childress, 1986）再進一步以特別的實驗方法，證明了固碳作用是由鰓細胞內共生菌所執行，且這些被固定的碳隨後便由鰓送至無腸貝的斧足及生殖腺等處，為無腸貝利用。

包威爾（Powell）和索默洛（Somero, 1985）的實驗更進一步發現，無腸貝不僅鰓細胞有氧化硫化氫的能力，連不具共生菌的斧足表皮細胞亦具有氧化硫化氫的能力。實驗的結果顯示，初步硫化氫的代謝並不是在共生菌內進行，而是在無腸貝細胞內稱之為「硫氧化體」（sulfideoxidizing bodies）的小顆粒中進行。硫氧化體可用離心法從細胞分離出來。後來的研究發現，此硫氧化體就是「粒線體」。這是個相當令人驚訝的結果，因為，這是首次在細菌及藻類外，發現生物體能直接利用硫化氫這種無機物產生能量。

自然界中，硫至少以硫化氫、硫、硫代硫酸根（$S_2O_3^{-2}$）、亞硫酸根（SO_3^{-2}）、硫酸根（SO_4^{-2}）等化合物狀態存在。其中硫所帶的電價數分別為；−2、0、+2、+4、+6，到底無腸貝能將硫化氫氧化到何種程度呢？據奧白寧（O'Brien）和維特爾（Vetter, 1990）及安德遜（Anderson）等人（1987）的研究發現，無腸貝的粒線體僅可將硫化氫氧化至硫代硫酸根，然而無腸貝排出的廢物卻是完全氧化的硫酸根狀態，因此推測共生菌在硫的代謝過程中仍扮演重要的角色，就是將硫代硫酸根繼續氧化成硫酸根。綜上所述，無腸貝的營養攝

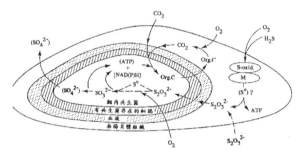

取機制可以圖二表示。

圖二：無腸貝營養機制的模型。其中 Org.C 為有機碳（包括蘋果酸、天門冬酸、麩胺酸、琥珀酸等碳氫化合物）；S-oxid. 為硫化體；M 為粒線體。

氧化硫化氫是為了解毒

　　此外，由於奧白寧和維特爾（1990）發現，無腸貝的粒線體消耗一克的硫化氫僅能產生少量的能量，故推測無腸貝的鰓及斧足表皮細胞氧化硫化氫主要的目的，並不是要產生能量，而是要將硫化氫轉變成無毒的硫代硫酸根，所以當缺氧時，無腸貝的血液中就有硫代硫酸根累積，牠採取的策略乃是將硫化氫儘快的氧化成無毒的硫代硫酸根，未再進一步消耗氧氣產生能量，將硫代硫酸根運送給共生菌利用，而共生菌氧化硫化物也是一種耗氧的工作。故無腸貝氧化硫化氫成硫代硫酸根，可能不是為了產生些微的能量，而是為了解毒作用。

　　由以上敘述，我們亦可了解無腸貝的營養攝取方式和大管蟲完全仰賴共生菌是不同的，其不同處分別在於：一、無腸貝鰓及斧足表皮細胞內的粒線體能氧化硫化氫而大管蟲不能；二、無腸貝的共生菌主要以氧化硫代硫酸根為主，但大管蟲體內的共生菌能夠氧化硫化氫；三、對硫化氫的抗毒機制不同，無腸貝利用鰓及斧足表皮

細胞內的粒線體氧化硫化氫，而大管蟲則以一種蛋白質和硫化氫鍵結以去毒。

　　無腸貝之異於其他二枚貝，除了牠具有游泳能力且無口、無腸、無消化腺外，在鰓及斧足表面細胞內的粒線體有氧化硫化氫的能力，而鰓細胞內的共生細菌又能將硫代硫酸根氧化成硫酸根，產生能量固定碳，並提供給無腸貝利用。這些能力極可能都是為了適應牠所棲息的環境所演化出來的。因工廠排放廢水所造成的高硫化氫污染區，乃是近代文明的產物，在此之前這些無腸貝究竟居住在什麼地方、如何開始在這種污染區棲息以及當這些污染區消失時無腸貝是否會滅絕等，都還是一個未知的謎。臺灣附近海域亦有不少高硫化氫的污染區，由於缺乏相關研究，是否存有此種無腸貝類，仍有待進一步的調查研究。

（本文得以順利完成，承國立中山大學海洋生物研究所劉莉蓮老師之悉心指導，謹致以謝忱。）

（1992 年 3 月號）

參考資料

1. Gustafson, R. G. and R. G. B. Reid, 1986,"Development of the pericalymmal larva of Solemya reidi（Bivalvia:Cryptodonta:Solemyidae）as revealed by light and electron microscopy", Mar. Biol., 93 : 441~427.

2. Gustafson, R.G. and R.G.B. Reid, 1988a,"Larval and post-larval morphogenesis in the gutless protobranch bivalve *Solemya reidi*（Cryptodonta: Solemyidae）", Mar. Biol., 97 : 373~387.

3. Gustafson, R.G. and R.G.B. Reid, 1988b,"Association of bacteria with larvae of the gutless protobranch bivalve *Solemya reidi*（Cryptodonta:Solemyidae）", Mar. Biol., 97 : 389~401.

4. Reid, R.G., 1980, "Aspects of the biology of a gutless species of Solemya（Bivalvia: Protobranchia）", Can.J. Zool., 58 : 386~393.

5. Cavanaugh, C.M., S.L. Gardiner, M.L.Jones, H.W. Jannasch and J.B. Waterbury, 1981, "Prokaryotic cells in the hydrothermal vent tube worm Riftia pachyptila Jones: possible chemoautotrophic symbionts", Science, 213 : 340~342.

6. O'Brien, J. and R.D. Vetter, 1990, "Production of thiosulphate during sulphide oxidation by mitochondria of the symbiont-containing bivalve Solemya reidi",J. Exp. Biol.,149 : 133~148.

7. Powell, M.A. and G.N. Somero, 1986,"Hydrogen sulfide oxidation is coupled to oxidative phosphorylation in Mitochondria of *Solemya reidi*", Science, 233 : 563~566.

世界上最豐盛的海產資源

——南極蝦

◎—譚天錫、廖順澤

譚天錫：臺灣大學動物系退休教授，《科學月刊》編輯委員

廖順澤：畢業於臺大海洋研究所

南極蝦簡介

南極蝦最初翻譯為糠蝦（krill），屬節肢動物門（phylum arthropoda），甲殼綱（class crustacea），軟甲亞綱（subclass malacostraca），糠蝦目（order euphausiacea）之糠蝦科（family euphausiidae），其種名為 *Euphausia superba*（見圖一）。有少數人將糠蝦科音譯為油發蝦。屬於糠蝦科者目前已知約有八十五種，屬於糠蝦屬（Euphausia）者有三十種，因為大多數的糠蝦均能發光，故又稱為磷蝦（海洋中亦有此不屬糠蝦科而能發光的蝦類），糠蝦廣泛分布於世界

圖一：南極蝦 Euphausia superba

各海洋中，其中以北太平洋及南極海之密度最高，分布於北太平洋中最重要的種名為 *Euphausia pacifica*，而分布在南極洋中的主要糠蝦即南極蝦，因此而得名。

南極蝦的幼生期大多生活在水面，隨著身體的成長逐漸移向較深水層。冬季時，生活約在二百五十至四百公尺的水深處，至夏季 11 月後則浮至上表層索餌，分布水深約在四十公尺以內。南極蝦係兩年生的水生動物（bi-annual organism），即兩年成熟產卵，產卵期為南極夏季的 11～3 月，最盛期為 1 月，產卵地區在浮冰附近的中深層水域約五百至七百五十公尺之間。交配後雌性個體的抱卵數因個體不同而有差異，平均約在二千至五千之間，卵徑約 0.6mm。孵化後之幼體在五十公尺水深處成長，一年後即可成長至二公分，兩年後可達五公分，成長速率相當平均。兩年後，個體即會自然死亡，即使未死亦鮮有成長。在成長期間，體長與體重的關係亦呈直線關係，亦即體長在二公分時體重約 0.1 克，體長每增長一公分體重約增加 0.1 克。南極蝦的食物主要是植物性浮游生物，包括矽藻、褐藻、雙鞭藻等，其中南極矽藻（*Fragilariopsis antarctica*）為其主食。南極海域的食物鏈非常簡單（見圖二），由植物性浮游生物→南極蝦→鬚鯨，可說是世界上最短的食物鏈。

南極蝦是一結群動物，成群帶分布，結群量有二至三公尺之小

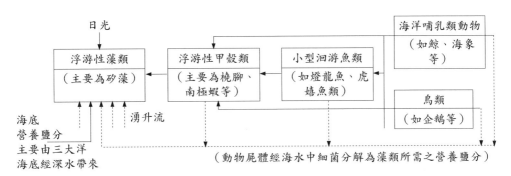

圖二：南極海域的簡單食物鏈。

群，亦有長達十公里之帶狀大群，通常為一至二公里。在南極蝦漁場區內，最高密度為每一百立方公尺有一百公斤成長的南極蝦和四公斤的幼蝦，而密度較低者亦有上述數字的 1/8，數量相當驚人。南極蝦喜在夜間浮上水面，尤其是在早上及黃昏，而在白天幾乎無集聚表層的現象。蝦群形成的原因現在不很清楚，但在小型冰山及海鳥眾多的海域，常會發現高密度的蝦群。因為海鳥在冰山附近等待，從黃昏一直等候到清晨，南極蝦浮上水面之時則捕食之，因此海鳥的出現亦可作為探尋蝦場的參考。

南極蝦資源估計

從事海洋生物科技研究的最終目的，是要解決現今人類日益嚴重的糧食危機。海洋占地球面積的 3/4 左右，海洋生物的總量為陸地

生物的五至十倍，但我們現在糧食的來源只有 1%來自海洋，可見海洋資源還具有相當大的開發潛力。開發海洋生物的途徑，除繼續擴展傳統的漁業外，當首重海洋生態系的食物鏈中第一階程之消費者——動物性的浮游生物（zooplankton），[1]其中尤以大型者為最，南極蝦豐富的資源正能符合這項要求。

　　有人在 1958 年估計南極蝦的數量約為十三‧五億噸，估計之根據係假設一條平均大小的成熟鬚鯨重約九十噸，以平均四節的時速游動，游動一天需 780,000 卡路里。又由鬚鯨體表面積計算，為維持體溫等生理現象，一天約需 230,000 卡路里，如此一條鬚鯨一天所消耗的能量超過了一百萬卡路里。又估計每磅南極蝦可產生460卡路里的熱量，則每條鬚鯨每天須進食 2,200 磅（超過一噸）的南極蝦。若是一至五歲成長中的鬚鯨，因每天體重增加約 90 磅，須另加 600～800 磅的食物，是故每條鬚鯨每天進食的南極蝦當在一‧五噸左右。專家們又研究出，鬚鯨在離開南極後，幾乎不再進食，僅靠體內儲存的物質維生，所以在南極海域覓食時期，食量倍增，每天約需三噸的南極蝦。在 1910 年代，鯨魚尚未被人濫捕前，南極鯨魚

---

1. 若以量而言，當以食物鏈中的生產者——浮游性藻類為多，應利用藻類作為人類食物的來源，世界上許多國家亦曾試驗過，但因人們尚未適應以藻類為食物而作罷。

群量約有五十萬條，這五十萬條每天以三噸的食量吃六個月，則每年消耗的南極蝦當有二‧七億噸。又估計鯨魚吞食南極蝦的量，不可能超過南極蝦資源總量的 20%，所以南極蝦的年產量約有十三‧五億噸。

　　其他的國家如日本、蘇俄等的研究人員亦曾作類似的估計，其估值亦相仿。因此在不損及資源的條件下，合理的開發，每年產量應可達到六千萬噸至一億噸，此一數值與目前全世界年水產總量七千萬噸相當。目前人類的動物性蛋白質僅 10%來自海洋，此後當可有 20%或更多更高的百分比來自海洋。

南極蝦的化學成分與利用

　　一般南極蝦的個體，肉質部分佔全部重量的 25%，頭胸部佔35%，餘下的外殼及尾部約佔 40%。其化學組成包括水分 72～80%，脂肪 2～6%，蛋白質 13～18%，灰分 2～3%（見表一）。南極蝦含有幾乎所有種類的胺基酸（見表二），其含量不但豐富，較一般普通蝦高，而且還很均勻。南極蝦的眼睛含有極為高量的維生素 A，肉質部則含有大量的維生素B12。為了研究南極蝦的營養價值，科學家曾用動物作實驗，結果發現動物吃南極蝦，其體重的增加率比吃用牛肉大，體內也不會發生任何不良狀況；甚至對胃酸過多及動脈粥

表一：南極蝦的化學組成

原料：體全部

	Sample（試料）	
	（冷凍）	（煮熟後冷凍）
水分	81.6%	80.1%
粗蛋白	10.3	10.9
熱水可溶性蛋白	5.7	
粗脂肪	3.4	3.4
糖質*	2.0	2.5
灰分	2.7	3.2
V. B. N.**	18.7（mg%）	21.8（mg%）
V. A. N.***	0 （mg%）	0 （mg%）
	pH 7.78	pH 7.60

　* Carbohydrate by difference.
　** Volatile basic nitrogen.
　*** Volatile amine nitrogen.

表二：南極蝦之蛋白漿的胺基酸成分

離胺酸	:	7.7	丙胺酸	:	4.9
組胺酸	:	2.1	半胱胺酸	:	1.1
精胺酸	:	6.0	纈胺酸	:	6.8
天門冬胺酸	:	10.9	甲硫胺酸	:	1.7
羥丁胺酸	:	4.7	異白胺酸	:	7.6
絲胺酸	:	3.5	白胺酸	:	9.6
麩胺酸	:	10.5	酪胺酸	:	4.4
脯胺酸	:	4.4	苯丙胺酸	:	5.3
甘胺酸	:	4.0			

狀硬化之治療有益。

　　日本有一位志願者以南極蝦為主食，將60～225克的南極蝦配以玉米或麵粉等做成大餅，除南極蝦外無其他動物性蛋白質來源，試

驗十七天後證明南極蝦可以作為人類的一項很好的食物，唯一導致生理上的差異是血液中脂肪量略有增加。此外還有許多科學家利用南極蝦作為家畜的飼料，例如以南極蝦養豬，結果令人相當滿意。日本目前已在實驗以南極蝦飼養紅鱒及海鯛，以增加肉質和表皮的鮮紅度。

有關南極蝦的加工利用，有下述幾種方法：(1)南極蝦乾製品，(2)南極蝦蛋白糊，(3)南極蝦濃縮蛋白，(4)南極蝦醬油，(5)冷凍南極蝦漿，(6)南極蝦丸。各種製品經多次試驗後發現其味道均甚佳，值得推廣。

海功號與南極蝦

由於南極蝦的資源豐富，營養價值又高，其漁場又無領海或經濟海區的糾紛，且南極海域遠離大陸，不受海水污染，對於人類動物性蛋白質資源的供應，具有相當的潛力，現今各國無不競相開發利用；較具規模能大量開發而領先其他國家的是蘇俄與日本。

臺灣省水產試驗所為振興我國遠洋漁業，充分利用未開發漁場以充裕國民動物性蛋白質食物，特派遣海功號試驗船前往南極海域作業。海功號試驗船為國內建造之第一艘大型艉拖式拖網試驗船，備有自動導航系統，亞米茄定位儀，全長 56.6 公尺，寬 9.1 公尺，重

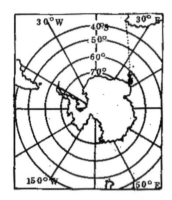

圖三：海功號所調查的南極蝦漁場地理位置圖（65°S）。

七百一十一噸，航行時速十二海里，人員最高限制為三十五人。1976 年 12 月 2 日由基隆出海，次年 3 月 26 日返回，全部航程共計一百一十五天。調查期間以南非共和國開普敦港為基地。1977 年 1 月 5 日從開普敦港出航，往南極恩得比地（Enderby Land）附近海域調查，2 月 17 日進開普敦港，共調查四十四天，實際在南極海域十七天（見圖三）。

　　南極蝦漁場的氣溫在 0℃～5℃之間，水溫則在 0℃上下，在作業期間的十七天中，共投網九十七次，每網平均施行三小時左右，總漁獲量一百四十噸，平均每網一‧四五噸。從漁獲量看，這是一次成功的試驗作業，對今後開發南極蝦漁業具有相當大的鼓舞作用。海功號所捕獲的南極蝦，曾由農發會（即以前之農復會）及實踐家專某單位舉行烹調品嚐大會以資推廣，製成的菜式共計二、三十種，味道相當甜美，如果將來再度到南極大量撈捕，一定能成為國人喜愛的食物。

（1979 年 7 月號）

扁泥蟲概述

◎—李奇峰、楊平世

李奇峰：任教於成功大學

楊平世：任教於臺灣大學植物病蟲害學系昆蟲保育研究室

臺大扁泥蟲[1]曝光後，大部分的人對於此類昆蟲仍然相當陌生，一般有關昆蟲的書籍也少有記載。本文將就扁泥蟲科的分類、形態及生態做一整體性的介紹。

扁泥蟲簡介

扁泥蟲的分類地位為鞘翅目（Coleoptera），泥蟲總科（Dryopoidea）的扁泥蟲科（Psephenidae）；在泥蟲總科裡，又以泥蟲科（Dryopidae）、長腳泥蟲科（Elmidae）及扁泥蟲科的形態及其行為較為接近，都能棲息於湍急的溪流，因此統稱為溪流性甲蟲

---

1. 詳見作者發表於英國《大英博物館昆蟲分類學刊》：Lee, C.-F. and Yang P.-S. 1993, "A revision of the genus Homoeognus Waterhouse with notes on the immature stages of H. laurae sp. n.（Coleoptera: Psephenidae: Eubriinae）", Syst. Entomol. 18：351-361.

（riffle beetles），用以區別其他如龍蝨（dytiscids）、豉甲（gyrinids）及牙蟲（hydrophilids）等水棲甲蟲。兩類最大的不同在於溪流性甲蟲並不會游泳，移動時必須攀附於介質如石頭、枯枝等；其次，牠們不必回到水面換氣呼吸，其幼蟲時期是以氣管鰓為呼吸器官，成蟲雖然只有一部分的泥蟲與長腳泥蟲會回到水底棲息，一旦進入水裡，從此就不會再回去陸地了。牠們的呼吸作用為背板（甲）呼吸（plastron respiration），是靠背板長有一層細緻而濃密的毛或刺，一進入水中後，便會在其表面形成一層空氣膜，可供分布在其中的氣孔做為呼吸之用；事實上，龍蝨及牙蟲也是都為背板呼吸，只不過由於分布於背板的毛不夠濃密、細緻，當進行呼吸時會將空氣膜裡的氧氣逐漸消耗掉，而釋出的二氧化碳則易被水所吸收，剩下的氮氣亦會隨著時間而逐漸被水所吸收，因此每隔一段時間，牠們便必須游回水面補充新鮮的空氣。此類又可稱為暫時性物理鰓，而泥蟲、長腳泥蟲背板上毛或刺的複雜結構，可使空氣膜維持不變。當氧氣的濃度變低時，便從外界的水滲透過來，因此不必為換氣而爬到水面，這又被稱為永久性物理鰓。

　　雖然扁泥蟲早在一百多年以前便有記載（詳見參考資料 8），但是分類系統卻一直相當分歧，主要是因為早期的研究者未能將幼蟲與成蟲銜接好所致。直到希頓（Hinton, 1955）根據幼蟲期呼吸系統

的特徵將其分成四個亞科：扁泥蟲亞科（Psepheninae）、四鰓扁泥蟲亞科（Eubrianacinae）、軟鞘扁泥蟲亞科（Psephenoidinae）及鋸胸扁泥蟲亞科（Eubriinae），才算是有了一個完整及可靠的分類系統。其後雖然有一些作者有不同的見解，如阿內特（Arnett, 1963）將 Eubriinae 放在花蚤科（Dascillidae）；而柏特朗（Bertrand, 1972）則將 Eubriinae 和 Psephenoidinae 獨立成科，Eubrianacinae 則為花蚤科下的一個亞科；本文仍將依循希頓的分類系統來加以介紹。

扁泥蟲亞科

此亞科幼蟲為典型的水錢（water penny）模式，扁圓形，側緣緊密相接，氣孔出現在後胸及第八腹節的背板上，氣管鰓著生於腹部兩側，不同的屬鰓數也隨之不同，如遍布於美國的 Psephenus 有五對鰓，從腹部第二節至第六節，而在東方區的 Mataeopsephus 為六對鰓，從腹部第一節至第六節，因此中文俗名稱作六鰓扁泥蟲屬。此屬大多棲息於中大型而乾淨的溪流，北部著名的河流如南、北勢溪、大漢溪等都有不少的族群存在，算是一種常見的昆蟲。

每年夏天來臨時，便是牠們化蛹的時刻（見圖一）。此時會爬出水面，尋找合適的處所如岸邊的石頭、枯枝下方來化蛹；化蛹時會將整個背板拱起，而在裡面化蛹；整個蛹期將會以幼蟲時期的背

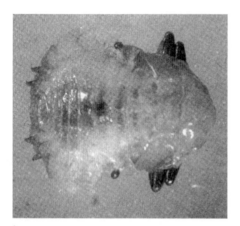

圖一：臺灣六鰓扁泥蟲的蛹

板當作掩護，且兼有保護的作用。蛹期有功能性的氣孔（functional spiracles，即能行呼吸作用）只有五對，分別在腹部的前三節及第六與第七節，而在第四與第五節的氣孔很明顯是非功能性的（non-funcational）；其中第六與第七節的氣孔特別延展及擴大，這在選汰上的優勢並非在於能否行背板呼吸，而是當蛹被一層薄薄的水蓋住時，仍然能利用到大氣中的氧氣，而不會被淹死。畢竟牠們化蛹的地方仍非常靠近水邊，因此這種情形應該會經常遭遇到。

至於成蟲對於其習性及求偶行為都不清楚，因為其種類太少了，已知的只有六種：大陸一種、韓國一種、日本及臺灣都是兩種。江崎扁泥蟲（*Mataeopsephus esakii*）（Nakane；圖二）只產於北部烏來一帶，全身黑褐色，體長較短

圖二：江崎扁泥蟲

（4～5mm）；另外一種為臺灣六鰓扁泥蟲（*Mataeopsephus taiwanicus* Lee et al，圖三），為最近所發表的種類，牠遍布於全省，且有強烈的趨光性，夜間採集往往能採到上百隻的個體，全身暗褐色，體長7～9mm，是已知的種類中最大型的。

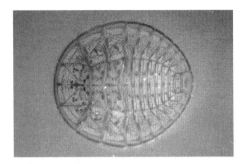
圖三：臺灣六鰓扁泥蟲幼蟲

四鰓扁泥蟲亞科

　　此亞科的幼蟲形態與扁泥蟲亞科相當類似，氣孔一樣出現在後胸及第八腹節的背板上，也有氣管鰓著生於腹部兩側，不過所有的種類都只有四對鰓（從腹部第一節至第四節），中文名稱因此而得之。

　　像前者一樣，化蛹時也會背板整個舉起，而在裡面化蛹（見圖四）。不同的是，幼蟲時期背板最末三節被丟棄，而由蛹腹部最末三

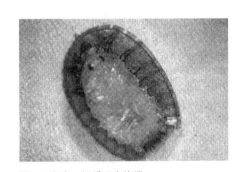
圖四：烏來四鰓扁泥蟲的蛹

節擬態而取代之，此三節背板強烈地幾丁質化，其他的體節則是相當柔軟，只是輕微地幾丁質化。由背面觀之，整個背板看起來仍然相當完整。牠的呼吸系統是相當獨特的，除了第七腹節上的氣孔有功能外，其餘所有的氣孔都是非功能性的，可稱做是後氣孔呼吸系統（metapneustic respiratory system）。就整個昆蟲綱而言，蛹期為後氣孔呼吸系統，也就只有此亞科了。

目前為止，此亞科只有兩屬被記載：四鰓扁泥蟲屬（Eubrianax）及微四鰓扁泥蟲屬（Microeubrianax），後者經過我們檢查存放在巴黎自然史博物館的模式標本，很明顯應該是屬於軟鞘扁泥蟲亞科的，因此本亞科只剩下一個屬——四鰓扁泥蟲屬（見圖五）。根據雅克（Jäch, 1984）的統計，全世界有三十八種的記錄，就臺灣而言，則無任何的記載。近年則由作者發表了五種新種：烏來四鰓扁泥蟲（*Eubrianax wulaiensis*，圖六）、黑色四鰓扁泥蟲（*E. niger*）、太魯閣四鰓扁泥蟲（*E. torokoensis*）、橙色四鰓扁泥蟲（*E. flavus*）及阿里山四鰓扁泥蟲（*E. alishanensis*）。由於牠們能棲息於各式各樣的流水域，容易造成生態上的多樣性，再加上生活史是一年一世代（univoltine），且世代不重疊，而成蟲期又很短，這意謂著一旦牠的蛹期、成蟲期稍微提前或延後一點點，便很容易產生生殖隔離。其他一些特性如成蟲擴散能力弱及求偶行為的特化種種因素，蘊育

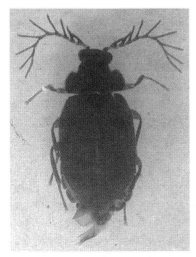

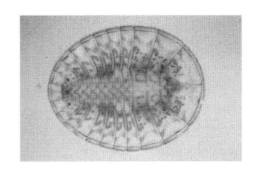

圖五：四鰓扁泥蟲（Eubrianax sp.）雄蟲　　圖六：烏來四鰓扁泥蟲幼蟲

出臺灣的種類繁多，雖然表面只有五種已知種（詳見參考資料 9），但仍還有許多未描述的種類等待發表。

鋸胸扁泥蟲亞科

　　此亞科幼蟲形狀與典型的「水錢」大不相同。一般而言為長橢圓形，腹部各體節側葉明顯分離，呼吸系統是屬於後氣孔式的，氣孔只出現在第八腹節（最末第二節）的側葉上；氣管鰓著生於尾部，稱之為尾鰓（anal tracheal gills），是可以自由伸縮的。當尾鰓收縮時，會縮入由第九節腹節所特化形成的泄殖腔內（cloaea）。另外

有一個構造是此亞科獨特擁有的，便是在第九節腹節背板氣孔的相對位置會長出一束明鮮的刺毛，稱之為氣孔刷（spiracular brush）。柏特朗觀察了歐洲的種類 *Eubria palustris* 為氣孔刷會負載一個氣泡，以供氣孔呼吸之用，不過希頓並不同意他的看法：第一，氣泡的體積及表面積太小，對於呼吸來講沒有多少正面意義，更何況牠還有尾鰓。第二，氣孔刷的毛是完全可溼的（他也有觀察活的 *Eubria palustris*），應該是沒有負載氣泡的功用；假使牠真的需要利用氣泡，則必須經常回到水面重新換氣，然而牠並沒有辦法這樣做，畢竟牠是不會游泳的。因此希頓認為牠應該會有另外一個功用：當幼蟲棲息在水裡時，氣孔對於呼吸而言是沒有任何貢獻的；一旦當牠爬出水面，氣孔便成了主要的呼吸工具。而氣孔刷則負責氣孔的清潔，一方面可防止塵埃等異物進入氣孔內，另一方面只要尾節（第九腹節）稍微向左右動一動，便可清潔氣孔表面上的灰塵了。

與前面兩個亞科一樣，幼蟲必須要爬出水面才能化蛹，不過化蛹時幼蟲時期的背板會被丟棄，而裸露出整個蛹來；而有功能的氣孔則位於第二至第七腹節的背板上，第一腹節的氣孔是非功能性的。由於牠們化蛹的地方相當接近水邊，常常會因為下雨而被溪水所淹沒，因此氣孔已演化出一些適應性的構造：大部分的種類在氣孔的位置衍生出一圓柱形的管子，而氣孔便位於這些突起的頂端。

可想而知，若管子越長，則能潛入水中越深，這是一個選汰上的優勢；但是從另外一方面來想，管子越長，將來所要丟棄的物質會越多，因為這些氣孔突（spiracular tubercles）是不可回收的，對於要羽化的成蟲是沒有益處的，為選汰上的劣勢，因此兩者會趨向平衡。在已知種類中，則是以扇角扁泥蟲屬（Schinostethus，圖七、圖八、圖九）最長，最長的氣孔突可與身高一樣高。

此亞科是已知的屬最多，也是演化最分歧的，不同的屬趨好於不同的生態環境，也因此各自分化出獨特的構造。例如點刻扁泥蟲屬（Homoeogenus）偏好於靜水的環境，幼蟲攝食水底的枯葉；扇角

圖七：烏來扇角扁泥蟲

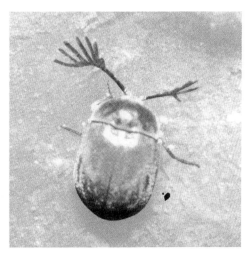

圖八：烏來扇角扁泥蟲雄蟲

圖九：烏來扇角扁泥蟲（Schinostethus satoiLee et al.）幼蟲

扁泥蟲屬偏好於瀑布，幼蟲（見圖九）攝食岩壁上植物的碎屑；鋸扁泥蟲屬（Ectopria）偏好青苔生長旺盛的急流，幼蟲攝食石頭上的青苔；條背扁泥蟲屬（Macroeubria）偏好水流緩慢的溪流，幼蟲攝食水中的枯木。因此研究各屬間的系族關係（phylogenetic relation），將是一門有趣的課題。

軟鞘扁泥蟲亞科

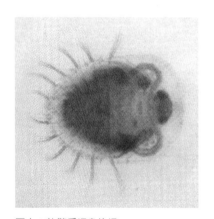

圖十：軟鞘扁泥蟲的蛹

此亞科幼蟲並沒有氣孔的存在，是屬於無氣孔式的（apneustic），可想而知，牠們是無法離開水中太久的。與鋸胸扁泥蟲亞科一樣，氣管鰓是屬於尾鰓；不同的是，收容尾鰓的腔室是由第八與第九腹節所共同形成的。

此亞科是唯一能夠在水中化蛹的（圖十），化蛹時與鋸胸扁泥蟲亞科

一樣，會蛻去幼蟲時的背板，而有功能的氣孔也是在腹部第二節至第七節，不過為了適應水中的環境，氣孔會衍生出一束細長的氣孔鰓（spiracular gills）來吸收水中的氧，此構造在鞘翅目中是相當獨特的（見圖十一）。

　　當成蟲羽化後（圖十二），大多棲息於溪邊植物的葉背，求偶、交尾也在此時發生。雖然牠能棲息大小不同的溪流，但是由於生活史很短、世代重疊，因此並不利於種化（speciation）；成蟲的發生盛期在夏秋兩季。關於比亞科的分類已由臺大植病系研究生鄭

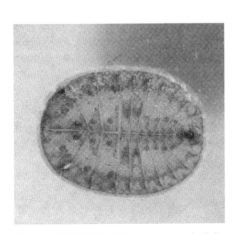

圖十一：軟鞘扁泥蟲（Psephenoides sp.）幼蟲

圖十二：軟鞘扁泥蟲雄蟲

明倫，當做碩士論文寫成，將原有記錄的一屬七種，增加至三屬十九種。但就臺灣的種類而言，卻只有一屬三種及一亞種，即 *Psephenoides taiwanus*、*P. taiwanus insularis*、*P. longipalpus* 及 *P. chifengi*。

（1994 年 11 月號）

參考資料：

1. Arnett, R. H., 1963, "The beetles of the United States, Catholic Univ. Amer. Press, Washington, D. C., pp.1112.

2. Bertrand, H. P. I. 1945,"Nouvelles observations sur la larve del 'Eubria palustris L.（Col. Dascillidae）comme élément de la faune hygropetrique", Bull. Mus. Hist. Nat., Paris, 17：418∼425.

3. Bertrand, H. P. I. 1972, "Larves et nymphes des Coléoptères aquatiques du Globe", Imprimerie F. Paillart, Paris, pp.804.

4. Brown, H. P. 1987, "Biology of riffle beetles", Ann. Rev. Entomol. 32:253∼273.

5. Hinton, H. E. 1955, "On the respiratory adaptaions, biology, and taxonomy of the Psephenidae, with notes on some related families（Coleoptera）", Proc. Zool. Soc, London, 125（3/4）：543∼568.

6. Hinton, H. E. 1966, "Respiratory adaptations of the pupae of beetles of the family Psephenidae", Phil. Trans. Royal Soc. London Ser. B Biol. Sci. 251：211∼245.

7. Hinton, H. E. 1976,"Plastron respiration in bugs and beetles", J. Insect Physiol. 22：1529∼1550.

8. Lacordaire, J. L. 1854,"Histoire naturelle des Insectes", Genera des Coléoptères, 2.

9. Lee, C.-F. and Yang P.-S. 1990, "Five new species of the Genus Eubrianax from Taiwan （Coleoptera: Psephenidae）", J. Taiwan Mus. 43 : 79~88.

10. Lee, C.-F., Yang P.-S. and Brown H.P. 1990," Notes on the genus Mataeopsephus （Coleoptera: Psephenidae）in Taiwan with descriptions of a new species", J. Taiwan Mus., 43: 73~78.

11. Lee, C.-F., Yang P.-S. and Brown H. P. 1993,"Revision of the genus Schinostethus Waterhouse with notes on the immature stages and ecology of *S. satoi*, n. sp. （Coleoptera: Psephenidae）", Ann. Entomol. Soc. Am. 86 : 683~693.

蝴蝶漫談

◎——李世元

任教於淡江大學生命科學研究所

在中國的古老傳說中，有一媲美「羅密歐與茱麗葉」的故事，即「梁山伯和祝英臺」。當祝英臺悲痛地哭倒在梁山伯的墓前時，山崩地裂，一聲巨響，出現一個大裂洞，將其二人吞沒，而後有一對美麗的蝴蝶從裂縫中飛出。古時，我們對蝴蝶的看法，牠們是高貴、美麗和大方的，並象徵著愛情不渝。

生理結構

蝴蝶屬節肢動物門、昆蟲綱、鱗翅目、蝶亞目（垂翅亞目），下分鳳蝶、粉蝶、斑蝶、蛺蝶、蛇目蝶、環紋蝶、小灰蝶、小灰蛺蝶、弄蝶、天狗蝶、魔爾浮蝶、貓頭鷹蝶科，共十二科（見表）。世界的蝴蝶約有一萬五千種，分布很廣，甚至高達喜馬拉雅山，都有牠的蹤跡。

蝴蝶有三對腳（昆蟲皆具三對腳），一對複眼，複眼前有一對

觸角，為棍棒狀（僅弄蝶在膨大部分的尖端延伸成鉤形，見圖一）。身體分成頭、胸、腹三部分，胸部有前、後翅各一對，翅由翅膜及翅脈所構成，翅面上下均生有鱗片，鱗片由細胞轉變而成。腹部一般為十節環，但第一節常退化，第九、十兩節特化成保護生殖器的一部分，故由外表僅可算出七節。體壁為幾丁質，內附肌肉，稱為外骨骼（exoskeleton），但無脊椎動物的內骨骼，運動主要靠外骨骼和肌肉的配合，肌肉是由許多具有彈性的細胞所構成，附著在外骨骼及少數內骨，而控制身體內、外器官的運動，肌肉所生的力量極為驚人，翅所具的飛行能力，不下於作長途飛行的雁鳥。神經系統為無脊椎動物中最發達的

表一：蝴蝶種類

科　　目	總　　　　　　數	
	世界（約）	臺灣（目前）
鳳　　蝶	600	38
粉　　蝶	1500	37
斑　　蝶	450	26
蛇 目 蝶		41
環 紋 蝶		1
小 灰 蝶	3000	110
小灰蛺蝶	1000	3
弄　　蝶	3000	59
天 狗 蝶		2
魔爾浮蝶	80	無
貓頭鷹蝶	80	無

棍棒狀　　　　　　　　拼蝶

圖一：蝴蝶之觸角。

一種，主要由二條縱走神經索（commissure）貫穿體腔腹面，每一體節有一對神經節（ganglion），在頭部由三對神經節結合成為腦，但不像人類將全身的中樞作用集中於腦，所以割斷頭部，身軀不會立刻死亡，仍可維持一短時間的活動。消化系統分前腸、中腸、後腸，很不發達，因所食為花蜜或植物液汁等流體，所以無糞便的排出（幼蟲時，口器和消化系統特別發達，嚙囓食葉片為生，所以有糞便的產生）。呼吸系統由氣孔（spiracles）和氣管（tracheae）構成，氣孔分布在每一腹節側面，氣孔連接體內氣管，氣管再分布於體內各組織間，直接與細胞藉擴散作用行氣體交換，不經由血液的運輸。循環系統很簡單，只有一條背管（dorsal vessel），位於背部皮下。腹部膨大部分為心臟，胸部管狀者為動脈，血液由腹腔進入心臟，經動脈在前端直接流入體內，並往後運行，屬於開放式循環系統。血液不含血紅素，呈淡黃色（昆蟲的血液均不含血紅素，大多為綠或褐色，亦有無色），排泄系統不發達，主要為馬氏小管（Malpighian tubules），這些絲狀的馬氏小管，在體內收集細胞代謝後的廢物，集中於中、後腸間。蝴蝶的生殖器，雄性有精巢（testis）、貯精囊（vesicula seminalis）、射精管（ejaculatory duct）、副腺（accessory glands）、外生殖器（genitalia）。雌性有卵巢（ovary）、副腺、受精囊（spermatheca）、交尾囊（bursa copalatrix）、產卵器（ovipositor）。

一生和防禦作用

　　蝴蝶的成長屬於完全變態，有卵、幼蟲、蛹及成蟲四個階段。當一對蝴蝶交配後（一生只交配一次），雌蝶大部分都把卵產在新葉子上（可能與新葉揮發性化學物質較濃有關），約一星期後即可孵化成幼蟲，幼蟲用口器咬破卵殼，爬出後，即將卵殼吃下，就開始啃食母親為其選擇的植物。幼蟲體表著生少許毛或各型臭角和肉角，無密生毛的種類（由此可區分蝶、蛾的幼蟲，一般稱全身長滿毛的毛毛蟲，為蛾的幼蟲）。此時幼蟲毫無抵抗力，但牠憑藉著身上特有的花紋，或藉地形地利之便，模仿成另一種模樣來掩人耳目，或擬態成它種恐怖的樣子來逃避天敵（見圖二、三）。而有的幼蟲，在受攻擊時，會伸出腥臭的臭角來嚇退敵人，雖然牠們有各型各類的保護裝備，但由於天敵眾多，加上氣候、地理……等因素，能生存的並不多。

　　瘋狂的啃食樹葉後，進入蛹期，蛹大致為以下三類：

　　一、帶蛹（cantigna pupa）：蛹頭朝上，用吐出的絲，將自己綑縛於樹幹上。鳳蝶居多。

　　二、懸蛹（suspensa pupa）：用尾端所附的絲把自己倒掛在樹枝

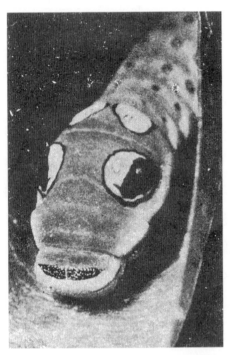

圖二：鳳蝶之幼蟲躲在葉子內，像眼睛的部分只
不過是花紋，真正眼睛在頭部尖端黑色之三角
形部分，他們用此怪模樣威嚇敵人，以保護身
體。

圖三：黑鳳蝶的幼蟲。幼蟲受到螞蟻等敵物的攻
擊時，會伸出腥臭的臭角（紅色部分）來嚇唬
敵人，還藉其臭味保護自己。

上。蛺蝶居多。

　　三、被蛹（obtect pupa）：把帶狀的絲裹在身上，然後鑽入葉片
中，弄蝶類居多（見圖四）。

　　當蝴蝶的蛹內幼蟲組織和器官破壞，而成蟲的重建完成後，即

破蛹羽化成蝴蝶。剛出來時，翅好像揉成一團的紙，牠的腳抓住蛹殼，呈懸吊狀態，用體液的力量注入其翅脈，如同吹氣球般的膨脹，使縐摺的翅展開，呈現美麗的色彩，約一小時後，翅堅硬了，即展翅振飛，開始尋

圖四：（左）懸蛹，（右）帶蛹。

找其配偶（見圖五）。成蟲由於帶有傳完接代的重責，所以本身抗拒天敵的條件相當充足，翅的背面色彩如同枯葉的枯葉蝶（Kallima inachus farmosana Frahstorfer），可說是最具代表性，其形狀不但酷似枯葉，連翅背還有葉脈和蟲蝕狀花紋（見圖六）。小灰蝶亦然，牠的後翅形成一類似頭部的圖案，翅後部兩條絲狀的尾巴，如同牠的頭和觸角，此「假頭」可以愚弄敵人，使其不知攻擊那一邊才對，而降低了死亡率。

　　另一類型的保護方法，就是身上帶有異味，有麝香、水果香、巧克力、薄荷，甚至屍臭，這些異味，有的對人來說，並無威脅，但對牠的天敵來說，卻不好受。在南美洲，有一群帶有毒性的蛺蝶（Heliconius），氣味很濃，十步內就可聞到，鳥類吃下後，不是肚

圖五：（左）幼蝶抓住殼呈懸吊狀，而把翅展開。（右）一小時後，翅便告硬化。

圖六：木葉蝶，右圖為反面。

痛就是死亡，牠的色彩斑紋鮮明單純，易於辨別，所以只要犧牲族群的一小部分，即可保全大部分。所以有些不具毒，但色彩型態和其類似的種類，因此也得以受到保護。

最有趣的要算是斑蝶了！當雄性斑蝶被抓住時，從腹部後面會突然地跑出鮮黃色的毛束，驚嚇天敵，牠即可乘機逃走。此毛球乃是雄性生殖器的一部分，真正的功用還是在交配，但是也具有散發味道吸引雌蝶，並且嚇退敵人的雙重功能。

蝴蝶谷

蝴蝶也有如雁鳥們向南飛至某處過冬的特性，以驚人的數量飛行時，在空中形成一條美麗的彩帶（見圖七）。最具代表性的要屬

北美洲的大樺斑蝶（Danaus ple-xippns），於冬天時大舉南飛至墨西哥西勒馬贅山上，渡過漫長的冬天，此時山上的溫度低於結冰的溫度，蝴蝶被凍得呈半休止狀態，幾乎不消耗體內的脂肪，剩餘的則作為日後北飛能量的來源。

圖七：蝴蝶成群的在墨西哥西勒馬贅山上渡冬。

臺灣亦有類似的情形，我們稱之為「蝴蝶谷」，但臺灣的蝴蝶可分為越冬型、蝶道型和生態系型等三種。

一、**越冬型**：屏東縣泰武、來義鄉的「紫蝶幽谷」。

二、**蝶道型**：臺北縣福山、烏來間的「青鳳蝶谷」，臺南大南溪的「雲彩粉蝶谷」。

三、**生態系型**：高雄縣六龜、美濃的「黃蝶翠谷」。

紫蝶幽谷乃袋狀山谷，在嚴寒的冬天，異常暖和，成千上萬隻蝴蝶密密麻麻地停在樹上，將樹木全部覆蓋著，而只見蝴蝶們美麗的色彩，牠們靜靜地停在樹上，如此可防止空氣流通，藉以保暖，

又加以體內脂肪氧化,形成體溫,保存並累積這些微弱的溫度,創造了更有利的越冬環境。

在臺灣,大量的蝴蝶通常都發生於深山中,羽化的成蝶大量的產生,無法在生長的環境找到足夠的食物,就必須分散至其他地方,減少族群的競爭,而連接生長地區最安全的路線就是山溪,順著山溪飛行,自然地形成一定的航線,稱為「蝶道」,如夠大的話,即可稱為「蝶道型蝴蝶谷」。

在一地區,能夠供應蝴蝶一生所需的食物,又地理、氣候和天敵等因素皆適合繁殖時,產生的蝴蝶數量就相當地可觀,於是形成了所謂的「生態系型蝴蝶谷」,但是在成蝶期間,由於數量龐大,會成群地向外分散,所以有時亦兼有蝶道型的特色。

蝴蝶的變異

人如有基因突變或其他因素而外表與眾不同,即被視為異物,難免有被社會排斥之虞,但蝶類若有變異,則身價百倍,為生物學者和收藏家們爭取的目標。

一、**個體變異**:同一種,但個體大小、色彩、重量、斑紋等有某些程度上的差別。乃因遺傳因子的差異和生長時間的營養和生活環境影響所產生。

二、**不連續變異**：同一種，具二種以上不同色彩、形狀或斑紋……等特性。常見的為黑化和褪色型。

三、**季節型**：成蝶的發生期跨越冷暖兩季節，個體上有若干的差異。主要是由環境的變化所引起，因為溫度、日照和雨量多寡……等劇烈變化，

圖八：雙季節型擬挾蝶。左邊略大，翅端尖而呈鉤狀，翅面無紋為冬型。右翅略小，翅端鈍而圓，翅面有六個眼狀紋，為夏型。是世界唯一之珍貴標本。

影響了遺傳因子的表現，使外表出現不同程度的改變（見圖八）。

四、**畸型**：羽化時，受內外機械因素影響，翅不能完整地展開。

五、**雌雄同體型**：同一個體上出現雌雄二性，俗稱「陰陽蝶」，大致可分為對稱型、斜角型和嵌紋型。其形成的原因至今尚不明瞭，昆蟲學家提出的假說很多，以「二核二精說」最被廣泛地接受。於一卵內出現二個細胞核，各自攜帶雌雄的遺傳因子，同時又有二精子進入卵內分別和二核受精。二十多年前，國內並無陰陽蝶的資料。首先由成功中學陳維壽先生帶至日本發表，震驚了學術界，而所帶的標本中，最出名的是「黃裳鳳蝶對稱型陰陽蝶」（Troides aeacus koguya Nakahera & Esaki），此標本後被先總統蔣公命為

圖九：黃裳鳳蝶（雌雄型：右♀，左♂）。

「國寶」，如今仍收藏於成功高中昆蟲館內（見圖九）。

經濟價值

臺灣，北回歸線橫貫其中央，故屬亞熱帶氣候，由於中央山脈，又造成了寒帶、溫帶、亞熱帶和熱帶四型氣候，所以臺灣具備了各類型氣候的蝴蝶，約四百種。加以良好的生棲環境，單位面積種類和產量居世界之冠，為「蝴蝶王國」。每年大約有六千萬隻蝴蝶送入加工廠製成各種裝飾品和手工藝品大量出口，為國家賺進大量外匯，可說是目前臺灣最具經濟價值的動物。牠不需我們做大量的資本繁殖，只需我們能夠保護其生態環境，對稀有種類加以保護，不要濫捕，就可維持其龐大的族群數目。加上臺灣所具有的各型蝴蝶谷，也可作為高品質的觀光事業，所以蝴蝶對臺灣來說，為最有待開發、研究的項目之一。

結語

中影拍攝《蝴蝶谷》電影時，曾用了大量的蝴蝶，有人批評，

如此會造成蝴蝶數量的
減少。但根據研究，人
類的捕捉，並不是主
因，最主要的是山坡地
的濫墾濫開，破壞了生

圖十：（左）大樺斑蝶，（右）大紫斑蝶。

態環境，減少了幼蟲的食草，甚至使得某些種類絕種〔目前絕種的
有大樺斑蝶（Danaus plexippus Linné）和大紫斑蝶（Euploea althaea ju-
via Fruhstorfer），見圖十〕，而如今也有一些種類瀕於絕種，這些問
題值得我們深思反省。目前臺灣蝴蝶的品種數目、生態環境和生活
習性，至今有的仍不清楚，都有待我們努力。

（1984 年 9 月號）

談臺灣的蝴蝶

◎—陳維壽

曾任臺北市立成功高中生物教師、臺灣省立博物館研究員

在寶島臺灣每到春光明媚的季節，彩色瑰麗的蝴蝶便到處飛翔。

臺灣位於亞熱帶，而在不很大的海島上擁有一萬呎以上的高山共有五十餘座。儘管面積不大，卻擁有寒帶、溫帶、熱帶各種氣候的自然環境與甚為複雜的地形。因此在平地，幾乎找不到一處未被開墾的荒地。但一到中央山脈，舉目所見盡是原始森林，於是四季盛產各種蝴蝶。雖然近二十年來在交通方便的平地與丘陵帶已經很難看到蝴蝶艷麗的芳蹤了，只有離城市的深山幽谷，倒是偶爾還能看到仙女般的蝴蝶舞姿。

寶島共有三百九十六種蝴蝶，就面積來說，走遍全球恐怕也找不到這麼高的比率了。尤其難得全世界最名貴的蝴蝶共有十二種，而臺灣竟擁有十種之多，尤為難得。而臺灣所不能擁有的魔爾得蝶科與貓頭鷹蝶科是亞熱帶區南美的特產。也就是說除了南美，臺灣

的蝴蝶真是豐富極了，其中珍貴名種真是洋洋大觀。

一、鳳蝶科

　　夙有蝶中貴族之譽的鳳蝶，體翅很大，斑紋的彩色鮮艷，宛如披在王公貴冑身上華麗的衣飾。鳳蝶有三十餘種，其中以寬尾蝶最著名，足可稱為「國蝶」。這鳳蝶黑底而在後翅中間有白紋，調配得十分勻稱高雅。尤其是牠那貫穿兩條翅脈的寬大尾，更是舉世馳名。它們產於中央山脈的深處，極為稀少，至今只有五隻的採集記錄。現留在國內的兩隻都保存在成功昆蟲博物館中。

　　臺灣產蝴蝶中體型最大，色彩最華麗的是黃裳鳳蝶。飛在森林中好似一隻小鳥，所以又叫鳥翼蝶。後翅那金黃色的斑紋美得令人

圖一：寬尾鳳蝶。

圖二：黃裳鳳蝶。

圖三：雄曙鳳蝶。

圖四：名貴的成功黃裳鳳蝶。

不敢逼視。黃裳鳳蝶共有二種。其中珠光黃裳鳳蝶的種類產在蘭嶼島。這兩種看來很像，但是珠光黃裳鳳蝶的金黃色大紋非常特別，因為它由具有特殊物理構造的鱗片所成。因此，如以逆光觀察時，金黃色突然變成帶有紫、藍、綠的真珠色，並且發射著耀眼的光輝，真是美極了，是全世界蝴蝶中獨一無二的特殊色彩。

　　麝香鳳蝶腹部生著艷麗的紅色斑紋。雄蝶都有香囊，隨時散發一種香味，牠就利用這類似麝香的清味來引誘雌蝶。其中以生長在兩千公尺以上的高山地帶的曙鳳蝶最著名，丘陵或平原地區是不易看到牠們的芳蹤的。但每屆夏季，在橫貫公路梨山段，公路兩側那花團錦簇的高山植物叢裡成群的曙鳳蝶，蝟集在花朵上採蜜。這不尋常的景色真會使你忘記旅途的疲勞，流連不去。實在是一幅線條

生動，色彩亮麗的水彩畫。

　　綠鳳蝶種類也很多，牠的特徵是在黑底翅膀上密布無數的金綠色和金藍色鱗片，都帶有金屬光輝，有時，聚集成鮮艷的藍色大花紋。最普通的是烏鴉鳳蝶，其次是深山烏鴉鳳蝶。

　　1973年的5月，當時就讀於成功高中的陳明忠在面天山麓採到幾隻烏鴉鳳蝶，並將其中翅膀稍有破損的個體做成裝飾標本，原來打算送給表妹。但是他總覺得這隻蝴蝶與其他的烏鴉鳳蝶不盡相同，就要求筆者替他鑑定，我驚奇地發現那是人類過去從未見過的新種，到目前這種蝴蝶僅僅有兩隻的採集記錄，均由成功昆蟲科學博物館珍藏，並在拙著《臺灣區蝴蝶大圖鑑》一書中發表。於是這隻蝴蝶便被命名為明忠孔雀鳳蝶。

　　花鳳蝶與明忠孔雀鳳蝶可算是蝶中的「一時瑜亮」，前者的體翅較小，類似的品種均分布在降雪的寒冷地帶，在臺灣僅有一隻採集記錄，據說是在五十多年前由玉山上採得。然而那保存在日本大學的唯一標本與有關的詳細記錄，在第二次世界大戰時被盟軍轟炸而化為烏有，至今尚未有第二個人在臺灣發現過，因此被稱為臺灣產的神秘幻蝶。是否確有過這個標本與記錄到現在似乎成了謎。

　　黑鳳蝶類也是大型，然而牠們的幼蟲都嚙食柑橘類果樹的葉子，是果園的害蟲，果農視之如蛇蠍，數量多而分布很廣。

青帶鳳蝶，在臺灣有四種，其中以青帶鳳蝶與青斑鳳蝶為最普通。春季牠們常常在溪流濕地群集，為數往往多達數千隻，頗為壯觀，是本省蝴蝶工藝品的主角之一，替國家賺了不少外匯。

二、粉蝶科

　　粉蝶類的體型嬌小玲瓏，好像是蝶族中的小姐與兒童，多半是有白、黃、粉紅以及黑色的花紋，圖案簡單清秀，姿態美麗可愛。其中最大的是端紅蝶，最小的是黑小白蝶。

　　最常見的紋白蝶，體型纖細，別看牠那弱不禁風的樣子，卻有驚人的繁殖能力，是十字花科蔬菜著名的大害蟲，菜農防不勝防的敵人。

　　最稀少的是全身粉紅色的紅粉蝶及筆者所發現的成功黃裳粉蝶。

圖五：綽號叫大傻瓜的黑點大白斑蝶。

三、斑蝶科

　　斑蝶類是無憂無愁的樂天派。牠們飛行緩慢，縱或是大敵當前，立刻會有遭受啄食的危險，牠還是那逍遙自在蠻不在乎的樣子。牠們都有中大型而有很

複雜的斑紋，但是色彩卻不夠艷麗，其中紫斑蝶較特殊，全身烏黑，只要搖動一下翅膀，就會閃爍出強烈的紫色光輝。

大黑點白斑蝶，體軀碩大無朋，和成年人的手掌一般大小，白底黑斑，色彩搭配得極為高雅。除了本省南端，算是稀種，在鵝鑾鼻半島是最普通的一種。牠飛行很慢，當地的兒童都叫牠為「大傻瓜蝶」，因為縱然牠正在飛行中，人們也可以手到擒來，一把將牠捉住。

斑蝶類在冬季常有群集數十萬隻的驚人現象，關於這種奇景，作者在〈神秘的蝴蝶谷〉一文中介紹。

四、環紋蝶科

在臺灣屬於本科的蝴蝶僅有一種。體型很大，翅膀圓圓的，在黃底上有許多很特別的環紋。牠不採花採蜜，只喜愛在竹林中貼著地面翩翩飛舞，似乎匍匐前進，以吮食竹枝上附著的露珠為生。

圖六：環紋蝶。

五、蛺蝶科

圖七：這是最大最美的紫蛺蝶。

蛺蝶種類多，大小、美醜應有盡有。它們的習性也很繁雜，食物的胃口也不一樣。有的吃花蜜，有些喜歡吃露水、果汁、樹液、尿水、糞便、米酒等，真是酸甜苦辣無奇不有。

其中最大的是大紫蛺蝶。全身滿布鮮紫色的大紋，身軀肥胖，翅膀有力，因此飛起來很帶勁。牠們不訪花而專在森林中活動，喜歡棲落在樹幹上吸樹液，牠們的行動很像肥雀。

三線蝶與豹紋蝶類又各包括不少種類，由最普通到最稀少的均有。牠們的身價相差萬倍，然而卻不易從牠們的色彩和斑紋辨認出來。有些種類既使專家也非要用顯微鏡，細查其生殖器不可，否則就無法鑑定牠。

會喝酒的蛺蝶有木葉蝶，雙尾蝶等。假如把浸過米酒的棉花用鉤吊在樹枝上，就會把牠自遙遠的地方吸引過來。牠們貪得無厭，總是貪喝得醉醺醺的，非但飛不起來，往往會爛醉如泥的倒在地

面，任你隨手檢拾。

六、山灰蝶科

小灰蝶也是蝴蝶世界中的
珍品。身材嬌小，只有半寸左
右，最小的像米粒似的。牠們
雖然很小，但是卻有非常細緻
的花紋。有鮮紅、翠綠、絳紫

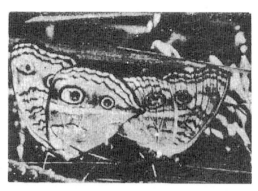

圖八：正在交配的灰蝶。

等色彩並有金屬的光輝。看起來真像一顆顆的寶石。其中以筆者所
發現的陳綠小灰蝶為最名貴，牠身長不到一寸，全身閃著靛藍色的
光輝，很像霧社綠小灰蝶。這個標本於日本發表時，由於學者們見
仁見智，遂在分類上引起兩派不同主張，並引起一場相當激烈的論
戰，但迄今還沒獲致一個被大家接受的定論。

七、蛇目蝶科

蝴蝶並非每一種都很美麗，暗灰或深褐色的蛇目蝶就是一例。
有些還長著毒蛇似的斑紋，令人看了毛骨悚然。這些蝴蝶也很識
相，從不訪花採蜜。牠們活動時間只限於日光照射不到的密林深
處。不然就要等夕陽西下時分，才開始鼓起牠們那對醜陋的翅膀向

黑暗狂歌亂舞起來。

八、弄蝶科

這一種的蝴蝶也是其貌不揚的。牠們的個子雖小，體軀卻多癡肥，翅膀呈不雅觀的的小三角形，滿身黑褐色確是蝶中的小丑，在分類上，牠們被歸入蝴蝶世界中最下等，有不少種類是水稻與農作物的害蟲。

九、小灰蛺蝶與王蝶

在臺灣只有兩種小灰蛺蝶，都產於高山。天狗蝶的下唇鬚特別長，看來有些像狗臉。

另一種叫紫天狗蝶，牠們分布在菲律賓，翅上有極為鮮艷的紫色大紋。照理不應分布在臺灣，但是最近曾從南部採到一隻，無疑是隨氣流從菲律賓迷路到臺灣來的，所以也叫作迷蝶。

以上介紹的僅是臺灣產蝶類中的一部分而已。假如想要正確鑑定自己所採的到底是哪一種，牠們的中文名和學名叫什麼？有兩種方法可循：第一，是把標本帶到博物館，對照模式標本，並加抄標籤。另一種方法是靠彩色圖鑑。拙著《臺灣區蝶類大圖鑑》是唯一可供參考的資料，本書將可找到臺灣產蝶類既知的一切資料。假如

有人發現一隻蝴蝶在這圖鑑內並無記載，將是舉世的一大發現，既可自行命名並向全世界發表。而臺灣之高山峻險之深處必然尚有很多未被發現的新種蝴蝶等待著人類去發掘哩。

（1974 年 4 月號）

談臺灣的毒蛇

◎─林仁混

現職為臺大醫學院榮譽教授

臺灣的毒蛇共有十二種，其中六種較為常見，都各有其特殊的形態可資辨認，也各有其特殊的生活習性。

一、前言

臺灣位於亞熱帶地區，氣候溫和，爬蟲類的動物多成群棲生在山谷中或耕作地間，尤其蛇類，幾乎經常可見。臺灣的蛇，據臺北美國海軍醫學研究所羅勃昆茲（Robert E. Kuntz）調查就有三十七種之多，其中十二種是有毒的。較為常見的六種為雨傘節、飯匙倩、鎖鏈蛇、百步蛇、赤尾鮐及龜殼花。

為了使讀者對這些毒蛇有一個簡明的認識，特就其身體大小及外皮顏色列成表一以便查閱。

表一：各種台灣毒蛇的名稱、身長、尾長、鱗片數及顏色該鱗片
數目不甚固定，稍會變動

編號	名　　　　　稱	身長（公分）	尾長（公分）	鱗片數	顏　　　色
1	雨傘節（Bungarus multicinctus Blyth）	75～140	10～16	15-15-15	黑色帶白色斑環。
2	飯匙倩（Naia naia Cantor）	96～120	16～20	21-21-15	棕色略帶黃色斑點。
3	鎖鏈蛇（Vinera russelli Shaw）	75～100	9～12	29-27-21*	棕色帶黑色大斑點。
4	百步蛇（Agkistrodon acutus Guenther）	94～120	12～19	21-21-17	暗線與淺黃三角形互成間隔。
5	赤尾鮐（Trimeresurus steinegeri Schmidt）	50～75	10～15	21-21-15	背部鮮綠，腹部深黃。
6	龜殼花（Trimeresurus mucrosquamatus cantor）	78～128	14～23	29-27-21	淺棕色帶深棕色大斑點。
7	紅環蛇（Calliophis macclell-andi Rheinhardt）	42～47	5～6	13-13-13	棕紅色有黑環。
8	紅帶蛇（Hemibungarus sauteri Steindachner）	45～60	6～7	13-13-13	暗棕色背部一條粗的縱黑帶。
9	黃嘴黑帶海蛇（Laticaurla co-lubrina Schneider）	85～96	8～9	21-25-25*	黃嘴灰身黑色環帶。
10	藍帶海蛇（Laticauda sem-lfasciata Rheinhardt）	90～128	12～15	23-23-21	黑灰色附藍色環帶。
11	普通海蛇（Hydrophis cyanoci-nctus Daudin）	92～126	9～13	29-35-35	灰黃色附藍綠色斑環。
12	黃腹海蛇（Pelamis platurus Linnaeus）	60～70	6～8	47-52-47*	黃色附藍色粗縱帶。

*該鱗片數目不甚固定，稍會變動。

二、臺灣毒蛇的鑑別

臺灣的蛇類很多，可依其外表特徵加以鑑別，一般說來，幼蛇的鑑別較為困難，因其一些外表特徵尚未發展成熟也。關於成蛇的鑑別可參考下列幾點：

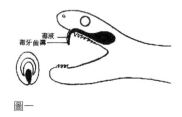

圖一

1.**毒牙**（fangs）：毒牙是毒蛇攻擊的利器，毒牙有溝與毒液腺相連。當攻擊時，其毒液便由毒牙溝噴射而出。凡毒蛇皆具備此種毒牙，其形狀與大小因品種而異。例如鏈仔蛇的毒牙長而彎曲而且可以活動；雨傘節與飯匙倩的毒牙則較堅硬而細小；至於一些海蛇的毒牙更加細小而不易看到。這些毒牙在已經用防腐劑固定的蛇標本中較不易看出；必要時得用鐵針將其口撬開然後檢查之。

2.**顏色**：各種蛇都具有獨特的顏色。觀察時最好是活的蛇，因為有些蛇體經福馬林液固定後，其顏色變化很大。

3.**頭部**：各種蛇的頭部形狀差別很大，毒蛇的頭部形狀通常接近三角形。有些蛇的頭部因情緒不同而能改變其形狀。如飯匙倩在生氣時，頭部膨大，狀如飯匙。

4.**體態**：蛇之頭、身、腰、尾四圍之比例各有千秋，如龜殼花頭

大、身細、腰粗、尾長，又鏈仔蛇則頭小、身粗、腰粗、尾短，由這些身材四圍可資識別各種毒蛇，較選美之尺寸多了一圍，更能表現出娉娉婷婷的阿娜之姿。

5.鱗片（scales）：蛇的皮膚上覆蓋著一層堅硬的鱗片，具有保護作用，其數目及形狀也是重要的鑑別資料，鱗片之形狀多為菱形，可分為三大類：(1)平滑鱗片（smooth scale）如淡水蛇類是；(2)部分突起鱗片（partial keel scale）如普通海蛇類是；(3)完全突起鱗片（complete keel scale）如赤尾鮐類是。鱗片數目的測法是從左邊的腹鱗開始往右沿著斜對線數至右邊的腹鱗。在科學鑑別上通常都給予三個數值，例如雨傘節為 15 － 15 － 15。第一個數值表示蛇前部的鱗片數；從頭部至肛門的中間點算起。第三個數值是表示尾部的鱗片數。（請參照表一）

6.尾部：蛇類的尾部特徵頗為明顯如草花蛇（Zatrix piscator,無毒）的尾部細長，雨傘節（毒蛇）的尾部渾圓，普通海蛇的尾部則多呈扁平形。

三、臺灣重要毒蛇的分布與習性

臺灣毒蛇很多，但以陸上的毒蛇較為常見，表現更為出色，現在讓我們進一步的來認識這些毒蛇吧（參閱表一，1～6）。

圖二：這是雨傘節蛇攻擊一條小蛇的情形。

1.**雨傘節**（Bungarus multi-cinctus Blyth）又名節蛇：這種蛇分布在臺灣全島、海南島、中國東南各省及東南亞各地。牠是卵生而喜歡居住於矮木、竹林及草叢裡，常擇近水之處，牠經常在晚間行動，尤其多雨的夜晚。稻田及灌溉的水池中也有牠的蹤跡。雖然有人在臺北市區捉到，雨傘節是不太喜歡「進城湊熱鬧」的。大多數的雨傘節並不主動攻擊人類；但是如果過分戲弄，一旦激怒了牠也是相當兇狠的，可能作快速的攻擊。

雨傘節可產生神經蛇毒。牠咬人記錄在臺灣毒蛇中占第三位，使人致死的記錄居第二位。據統計，人被咬後的死亡率為 18%。

2.**飯匙倩**（Naia naia Cantor）又名眼鏡蛇：牠喜歡棲息在低窪的地方。本省中西部及南部較多，陽明山、北投及臺北近郊也曾捕獲過，中國東南各省也有。這種蛇為卵生其居處與人類很接近，如農村近郊之草灌木叢中或農田裡常有牠的芳蹤。牠被人驚動時會氣沖沖地作出一副作勢欲噬狀，將其上身仰起，蛇頭昂揚賁張，狀似飯

匙，樣子十分怕人。牠含有很強的神經蛇毒，因此相當危險。飯匙倩咬人的記錄占第四位，咬死人的記錄為第三位。

　　飯匙倩的用途很廣，牠的皮可作鞋、皮帶及精裝書冊封面。其肉可作藥湯，或乾燥作成藥粉。飯匙倩的膽可和酒生吞，據說有益視力。

　　3.鎖鏈蛇（Vipera russelli Shaw）又名七步紅：鎖鏈蛇多分布在本省南部及東邊的中央山脈；印度喜馬拉雅山西邊山麓及我國的廣東。這種蛇是胎生，喜歡居於山麓邊之灌木叢中。很易受驚動而神經過敏，兇相畢露。牠常捲伏成鏈狀，上身輕微搖動作出擊的準備。但是對於較遠的移動目標並不隨便出「手」，待機而動；等到目標移至易效距離內，才猝然施襲，務必中的。據獵蛇者透露鎖鏈蛇的攻擊完全是偷襲，行動詭秘，令人防不勝防。

　　鎖鏈蛇分泌的蛇毒包括溶血毒及神經毒兩大部分。在臺灣其咬人的記錄缺乏統計。據印度方面的報告指出，被咬的人死亡率相當的高。

圖三：鎖鏈蛇行動詭秘而迅速，善於偷襲，令人防不勝防。

4.**百步蛇**（Agkistrodon acutus Guenther）又名五步蛇：牠們分在臺灣的中南部及花蓮地區；我國東南各省及越南。百步蛇也是卵生，常棲息於山上森林地帶，尤其是山坡的石隙中。在攻擊之前牠常作捲縮狀，當目的物移至近前，才猛然出擊。在臺灣毒蛇中，牠是較危險的一種，因為牠的體大毒牙長，一次可輸出大量的蛇毒。百步蛇的毒液是一種出血毒，可影響到血管及循環系統。據統計百步蛇咬人的記錄為第五位，可是咬死人的記錄高居首位。

5.**赤尾鮐**（Trimeresurus steinegeri Schmidt）又名竹仔蛇或赤尾青竹絲：赤尾鮐之外表顏色與青竹絲（Liopeltis major，無毒）很相似，但其頭部為三角形，尾部呈紅色為最大差別。赤尾鮐為胎生，分布於臺灣各地。在阿里山也曾被捕獲過，但一般都棲息在較低山麓的灌木叢中。常在綠色植物及竹叢間活動，這些都具有天然的保護色，有時頗不易被人發現。在竹林及桔子樹上赤尾鮐可爬高數尺，將其尾部捲住樹幹而將其整個身體倒掛下來，有時漫遊稻田，有時出沒在深澗的草叢中，遇到活動目標牠往往會作兇性的攻擊，在攻擊之前，牠會搖動尾巴以示警。

赤尾鮐可分泌出血蛇毒，雖然這種蛇被認為是一種毒蛇，可是一般農夫並不太怕。在咬人的記錄上牠占第一位，但被咬傷者的死亡率大約祇有 1%。

6.龜殼花（Trimeresurus mucrosquamatus cantor）：龜殼花分布在全省各地及我國東南各省，喜歡棲息於低窪有草木的地區。曾有人發現臺中附近有一山洞住滿了龜殼花。每屆炎熱時期，牠便找蔭涼的山洞居住些日子。農作地及我們人類的住宅區也是龜殼花嚮往的地方，大概牠們的興趣僅在尋找較為蔭涼之處，而不是真正喜歡與人類為伍，就這一點傾向來看，龜殼花對人類是相當危險的。

臺北市內曾有捕獲龜殼花的新聞，甚至有些還是從西式建築裡發現的。在天母、北投、陽明山一帶的住宅區也間有此君的出沒。牠在晚間活動較為頻繁。性情差別很大，有的兇狠好兇；有的卻很懶惰，一般的情形是，當牠的老巢受擾亂時就可能會發動攻擊。龜殼花分泌一種出血蛇毒並且有一副發育齊全的毒牙，咬人的記錄占臺灣毒蛇中的第二位。在 1923～1932 年間，共有一百一十六人被牠咬傷，其死亡率為 7.3%。

四、臺灣毒蛇的經濟價值

1.蛇皮與手工藝品：蛇皮可製造很多美觀的鞋子、手提包、腰帶、拐杖，甚至領帶。過去幾年來外來的觀光客對這些製品的興趣日見增高。有些蛇皮是經過加工染色後才製造種種的工藝品，益增其美觀。錦蛇（Elaphe taeniurus）及東洋鼠蛇（Ptyas mucosus）皮可

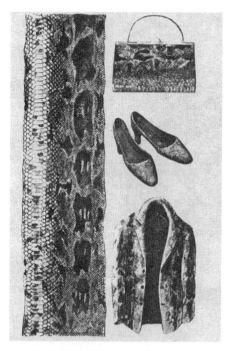

圖四：左為整張的蛇皮，右為蛇皮製品。

作手提包，百步蛇及雨傘節皮可作腰帶及拐杖。

據統計臺灣每年輸出運往香港的活蛇為一萬至一萬五千條，本地各蛇店之消耗也不少於此數，可是本省的「蛇源」似乎仍然不慮缺乏。

2.蛇肉可作強壯劑（有此一說）：據說蛇肉煮酒食之，具有禦寒、強身、袪病之效。而毒蛇的效果尤佳，有些蛇店常備此種蛇湯出售，每至冬季，家家門庭若市，生意十分興隆，蛇肉焙乾後可磨成粉末或作成蛇丸以作藥用。

3.蛇膽：新鮮的蛇膽和米酒吞服，有益眼睛，據說越毒的蛇其膽的藥效越好，價格也越貴。據業者宣傳蛇膽如生服可以強身、強精、強筋、強肝等作用，不過其真正的價值，尚待進一步的研究、證實。

4.蛇毒：蛇毒是具有很複雜的藥理作用的一些蛋白，關於這方面

的研究《科學月刊》已有另文介
紹（請參閱〈蛇毒的藥理作
用〉）。

五、毒蛇的生前與死後

　　毫無疑問的，活生生的毒蛇
都被目為人類的大敵，兩者狹路
相逢，不是我置你於死地，就是
你惡狠狠地咬我一口，似乎是勢
不兩立的。但當毒蛇死後又好像
變為人類的益友。當然人類對待
這類朋友似乎有一點不可思議，
真所謂「食其肉，寢其皮」了。
因此從人類的立場來說，毒蛇的

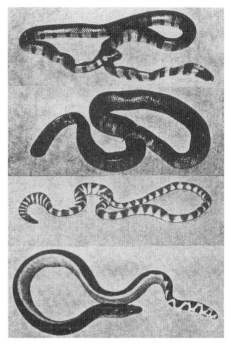

圖五：所有的海蛇均有毒，這種所介紹的四種是
　　　（自上而下）黃嘴藍帶海蛇、藍帶海蛇、普通
　　　海蛇和黃腹海蛇。

宇宙價值真可形容為「生有輕於鴻毛，而死有重於泰山者也」。

（1974 年 7 月號）

參考資料

Robert E. Kuntz : Snakes of TaiwanU.S.NMRU-2; Taipei, Taiwan Reprinted from the Quarterly
Journal of the Taiwan Museum Vol. Xvl, Nos.1 and 2, 1963.

奇異的蝙蝠

◎——游祥明、譚天錫

游祥明：畢業於臺大醫學院解剖學研究所

譚天錫：臺大動物系退休教授，《科學月刊》編輯委員

神秘怪異、耐人尋味　不屬飛禽、亦非走獸

晝伏夜出、能飛能咬　民間傳說中的蝙蝠

很久以前，蝙蝠的特殊形性就已經引起人類的幻想和興趣。牠像鳥類能飛，像獸類能咬，白晝隱藏起來，夜間出來活動，既不是飛禽也不是走獸。牠代表自然界中奇異的雙元性，反映在許多古代的民間故事中流傳到今天。

伊索寓言有二則關於蝙蝠的故事，第一則寓言，蝙蝠落到地面被黃鼠狼捉住，蝙蝠請求黃鼠狼饒命，黃鼠狼回答說牠天生是所有鳥類的剋星。但是，蝙蝠向黃鼠狼保證牠不是鳥，而是老鼠，黃鼠狼在此種懇求下釋放了蝙蝠。過了不久，蝙蝠又在相似的險境下，被另外一隻黃鼠狼捉到，牠又懇求黃鼠狼不要吃牠。黃鼠狼告訴蝙

圖一：蝙蝠是鳥類還是獸類？這是我們老祖宗遭遇的問題。要說牠是鳥類嘛，牠又缺少鳥類最重要的羽毛和鳥喙；說牠是獸類嘛，牠偏偏又多了一對翅膀。古埃及的這張壁畫，繪出了蝙蝠獸形的身軀和修長的雙翼，也繪出了先人的崇敬和迷惘。

蝠說，老鼠是牠喜愛的獵物，於是蝙蝠向牠的捕捉者保證牠不是老鼠而是鳥，因此又逃過了厄運。

第二則寓言是關於鳥類和獸類之間的古代傳統戰爭。因為鳥獸雙方依次各有勝敗，蝙蝠害怕嚐到失敗的滋味，總是和戰勝的一方交往。當戰爭結束，和平來臨，由於牠說謊，鳥類和獸類雙方都不接受牠的歸附，將牠從白天的陽光下趕走，所以牠只能在夜晚單獨出來活動。這一則寓言的教訓是：「凡是愛說謊的人，必被摒除在陽光照耀之外。」

納梭也有一個故事，和第二則寓言相似，這故事流傳在南尼加拉的黑人部落中。這故事是說，蝙蝠在獸類和鳥類的戰爭中，無法決定加盟那一邊——如果牠像老鼠應該站在獸類的一邊，或因為牠有翅膀而應該站在鳥類的一邊。結果，牠受到雙方的猜疑，便被排除於白晝之外，只能隱藏在黑夜裡。

蝙蝠的骨架

蝙蝠屬於能在空中飛行的哺乳類，以飛膜為飛行工具，和鳥類的翼完全不同。飛膜是由皮膚擴展而成，由頸部經前肢、體側、後

肢而到達尾部，上面分布有血管和神經。蝙蝠能快速飛行，因為牠的骨骼系統上有種種適應性的變化；牠的腕骨和指骨特別細長，如同雨傘的傘骨一樣，用來支持飛膜；第一指（拇指）僅留有痕跡，有一鉤爪，突出於飛膜外，其餘的各指都沒有爪。牠的後肢還保持普通獸類的形態，但是全部向外翻；各趾的爪都含有強而有力的鉤爪，所以能倒懸軀體在樹枝之間。

蝙蝠因齒的型式不同可分為食果性和食蟲性。牠們廣泛地散布在世界各地的岩洞、樹穴、或鄉間的屋簷下。蝙蝠喜歡黑暗，在最黑的洞穴中住得最舒適，通常只有當我們闖入閣樓或者夏季到郊區別墅時，才能碰見。

圖二：骨頭的結構是動物分類的重要依據，圖中這是一隻食果蝙蝠的骨架，我們可以看得出來，牠是一種哺乳類小獸。看牠的牙齒結構，與手指、腳趾的骨頭結構都是與獸類相同，所不同的只是長短比例罷了。

圖三：許多蝙蝠是吃蟲的，飛蛾的個體大行動又遲鈍，所以成為牠們喜愛的食物。

蝙蝠的眼睛

在古老的箴言中，「如同蝙蝠的盲目」這句格言是非常缺乏真實性的。用顯微鏡來檢查，可以看出蝙蝠眼中網膜大部分和其他哺乳類相同。有人曾經研究過一大群棕色的蝙蝠，發現其眼球有一不尋常厚度的支持纖維，而將它稱為米勒氏纖維。有人比較十六「屬」食果性蝙蝠（大翼手亞目）和相等數目的小翼手亞目的眼睛，發現這兩群蝙蝠中有顯著而重要的差別：小翼手目的蝙蝠與大多數哺乳類的網膜，具有相同的構造；而食果性蝙蝠卻不像任何已知的眼睛。這些異常的眼睛具有奇特而且非常小的指狀突出物在眼睛的內層，且向外穿出網膜的外層，每一尖細的指狀突出物內包有小動脈及微血管。

眼睛接受光線刺激的表面，含有二萬到三萬微小指狀的圓錐細胞，也有能感覺光線的微小矩形的圓柱細胞。白天出來活動的動物，通常具有交互使用的圓柱細胞和圓錐細胞，圓錐細胞內的微小顆粒能接受光線，並能獲得顏色感覺。許多在黃昏或夜間活動的動物則缺少圓錐細胞。食果性蝙蝠沒有圓錐細胞，可能無法看到顏色，不過在黑夜裡，色彩本來就不多。

蝙蝠的視覺很清晰，白天在戶外，甚至在明亮的陽光下，也不

會眼花撩亂，並且可以在周圍單調的世界裡正確地飛行。許多夜間生活的動物眼睛相當大，能聚集所有有效的光線在黑暗中觀察事物。但是嬌小的蝙蝠卻沒有大眼睛；牠們的眼睛比老鼠的眼睛小得多；但比起鼴鼠和地鼠的退化眼睛卻又大得多。

蝙蝠的飛行

　　蝙蝠為何能生活在黑暗的地方呢？而且，牠們在夜間又如何獲得食物，而不會撞上飛行途中的障礙物呢？西元 1974 年以前，有一個義大利人斯巴蘭尼用已經切除視覺器官的蝙蝠做實驗，觀察牠們是否能連續避開懸掛在屋子內的絲線。他發現：蝙蝠仍然能夠在絲線中找到可供進出的路徑，而並不會碰到絲線。他又把一批瞎了眼的蝙蝠放出戶外，四天以後，到巴非亞天主教堂的鐘樓去找牠們。他一大早就爬上鐘樓，蝙蝠飛行和覓食了一夜正好

圖四：蝙蝠捕飛蛾的分節動作：先用翅膀截住飛蛾，然後用雙腳與尾部間皮膜形成的袋子兜住，再低頭咬住飛蛾。

回來。這些蝙蝠產於溫帶，專以飛蟲為食物，必須依賴翅膀來追捕。斯氏捉了四隻前天弄瞎的蝙蝠，解剖後發現，牠們的胃中和其

他未弄瞎的蝙蝠一樣，塞滿了昆蟲的遺體。他的結論是：蝙蝠具有某種特殊感覺器官可引導牠們在空中飛行。

後來，這個實驗又被人重複做過。例如法國的羅利納特、措索特（1900 年），以及美國的哈恩（1908 年）等人。哈恩用薄黑金屬線來代替絲線，從實驗室的屋樑開始，每隔二十八公分的地方，懸掛一條金屬線。當蝙蝠撞擊到金屬線時，會發出聲音，所以很容易察覺出來。他首先用正常的蝙蝠來做實驗（一種小型的髭蝠）。每一次放一隻到屋子外面，並且仔細觀察牠們的動作。起初，牠們飛得很迅速，當牠們開始疲倦時，常會降落到牆壁上或物體上休息。每一次蝙蝠將要碰到金屬線或躲開它，完全是依靠嘗試的結果。四十七隻小髭蝠在超過二千次的嘗試中，大約有 25%概率會撞到金屬線。接著，他又用相同種類的十二隻蝙蝠，切除牠們的視覺器官，用不透明的煤煙和膠的混合物來遮蓋牠們的眼睛。他發現在六百次的嘗試中，將近有 22%的撞擊率，這種百分率甚至比眼睛不遮蓋時更好，可見蝙蝠很少依靠視覺來避開金屬線。

哈恩在第二次實驗時，切斷蝙蝠精巧的耳朵，大致上也得到相同的結果，蝙蝠好像並不依靠這個大耳膜來反射聲波。

於是，哈恩嘗試第三系列的實驗。這次他在接近耳孔的地方用石膏的小塞來阻塞牠的耳孔。撞擊的百分率立即增加，平均大約有

66%。顯然，具有敏銳聽覺的內耳是一個主要的因素，它不但幫助蝙蝠避開障礙物，而且幫助牠們聽到正在空中飛翔經過的昆蟲的嚶嚶聲。

范泰（1933 年）做了一個說明，他在瓜地馬拉用細網目的一種障礙網攔住一處森林的進出口，一個月內捕獲的蝙蝠超過四十隻；其中有一隻為吸血蝙蝠，剩餘的蝙蝠中有四種食果性蝙蝠，沒有食蟲性蝙蝠。食蟲蝙蝠大部分用耳朵來探索路徑，可從物體或正在運動中的昆蟲反射回來的空氣的振動，很快獲得微小回音而建立正確的路徑。所以，內耳是最重要的一環，而延伸出來的耳朵也常用來輔助收集聲波。

如果蝙蝠在封閉的屋子裡，會繼續不斷地探測屋子的每一個角落。通常可以在門下、屋子側面或屋頂下的小裂縫發現牠們。牠們時常用擠壓的動作來通過極小的縫隙而逃脫。哈恩解釋說：「當有明顯的氣流刺激時，牠們會被吸引到離牠們數呎之遙的裂縫那裡去。」以前，有人在一間屋子裡放出一隻很大的棕色蝙蝠，牠前前後後地飛行過一段很長的時間後，突然朝風吹的反方向的門孔穿越出去，並立即隨著風流動的上方逃逸。

蝙蝠定位的聲音

　　在斯巴蘭尼逝世一百四十年之後，物理學家皮爾斯在哈佛大學使用電子儀器探測人類聽覺頻率範圍外的聲音。紐約洛克斐勒大學的生物物理學家格雷芬把蝙蝠一拿近皮爾斯的儀器，儀器上便顯示牠們在發出聲音，這聲音幾乎完全在我們所能聽見的頻率之外。格雷芬進一步約耶魯大學心理學教授加蘭博斯合作實驗。他們證實了把蝙蝠的嘴蒙住，阻止其發出高頻率的聲音，就跟塞住耳朵一樣有效。經過這兩種處置，蝙蝠就不能測出大大小小的物體，很容易撞上室內的牆壁或途中任何東西。簡單地說，牠們在飛行中的全部定向能力，全賴其不斷發出高頻率聲音的回聲，這種聲音較我們耳朵能適應的波長短，頻率稍高。

　　事實上，引導蝙蝠飛行的聲音，人並非完全聽不見。牠所發射的聲波，雖然有99.9%以上超出人的聽力範圍，但是仍有一個微弱可聽的分聲音。這個分聲音，微弱得使人以為它是由翅膀的撲動而產生的。當蝙蝠發出高頻率聲音的同時，還有一種隨之而生的微弱滴答聲。在溫帶地區的蝙蝠，棲息於房屋的罅隙處，每天黃昏時飛出。若站在牠們飛行的近處（約一至二公尺），在非常寂靜的情況下，而你又能忍受尖叫聲時，便可以聽到這種滴答聲。愈年輕的人

愈容易聽到，因為這種可聽的分聲音，頻率在每秒 5000～10000 週左右。有幾種熱帶的食果性蝙蝠，在黑暗的洞穴中飛行時，發出清晰可聽的滴答聲，在有光線的地方，則用眼睛飛行。

　　蝙蝠定向所用的微弱滴答聲，週期極短，和女人手錶的滴答聲極為相似。所不同的是蝙蝠滴答聲的頻率，變化極為顯著。若蝙蝠由遠處直向一障礙物飛去，每秒鐘可能滴答五至二十次。若面臨複雜的航行問題，例如你拿著棍子橫在牠面前時，便可聽到其滴答聲突然增加，形成微弱的嗡嗡聲。當蝙蝠要降落時，亦會發生同樣的情形。

　　蝙蝠並非時時刻刻都是伶俐而聰明的飛行者，有時也會遲鈍笨拙——特別是當牠在白天受到打擾的時候。大多數美洲和歐洲的品種，會把牠自己的體溫降低到和睡眠處所的氣溫相近。在冬天，有多種蝙蝠蟄伏在溫度僅高於冰點數度的洞穴中或其他的地方。在這種溫度下，牠們完全失去知覺，使人誤以為他們已經死亡。我們最可能找到並且有機會觀察的蝙蝠，通常是最不機敏的。如牠在充分適合飛行的狀態，就不可能讓我們在近距離處看得很久。如果我們不怕麻煩，在蝙蝠充分清醒時，看牠們在複雜的航道中伶俐和機敏地飛越，真是最佳表演。

　　蝙蝠習慣用後腳將身體倒掛起來。蹄鼻蝙蝠更有特殊柔曲的股

關節，當牠用高頻率的音波探查四周時，幾乎可以旋轉一圈。牠們常常從倒掛的位置急飛出來，攫取在其聲音範圍內飛行的昆蟲。以活的動物和人血為食的吸血蝙蝠，用極尖銳的牙齒把動物咬出破口，吸取流出來的血，而被咬的動物往往不會驚醒。

蝙蝠行獵，幾乎都在黑夜。面對黑暗的背景，決不可能目視偵測。以往我們以為蝙蝠是以傾聽昆蟲拍翅的聲音來定位，事實上蝙蝠接近飛蟲的位置時，也以越來越高的發射率發出啾唧聲。當蝙蝠飛過時，我們輕輕向空中拋入小石子或濕的脫脂棉球，牠們雖然不會咬或吞這種誘餌，卻會像追逐真正的昆蟲一樣，增加定位聲音的振率，熱切地撲向它們。蝙蝠所吃的昆蟲中有很多是不發聲音的，可見蝙蝠並不只是依賴昆蟲所發出的聲音來測出其位置。

蝙蝠的鼻葉

蹄鼻蝙蝠，如同名稱所示，靠近眼水平面的區域有薄而寬廣的蹄鐵狀鼻葉披覆口部。有少數蝙蝠從鼻葉長出特殊延伸的毛，它是一種觸覺器官。巨皮蝙蝠在鼻子的尖端上有卵圓形鼻葉，有些蝙蝠在唇端有垂肉或一系列小圓形的瘤，有些在顏面的外側有和火雞雞頭一樣的垂肉。食蟲性蝙蝠大半有發育良好的垂肉，食果性蝙蝠則少有垂肉，因此，垂肉在知覺上的用途還不十分清楚。它們可能可

以感受空氣的振動而反射附近的物體或昆蟲的回聲。海瑞馬克棋認為：根據蝙蝠的鼻葉的作用，人類發明了輪船在夜晚或霧中探測障礙物的儀器，船頭發出低頻率的振動，船板上

圖五：各式各樣具有各種不同形式的耳殼和鼻葉的蝙蝠。

則有精巧的回音記錄儀器。這種方法已經發展為現代測量海洋深度的方法：觀察者發出聲音，由發聲到收到回音所需的時間，即可用來推測海底的深度。最近，德國的動物學家莫雷斯證明了食蟲性的蝙蝠的蹄鼻是用來當作小型的號筒，把發出去的聲音集成一道狹窄的音柱，當牠探掃四周時，可來回掃動。

　　蝙蝠具有非常良好的場所記憶力，牠們在夏季離開很遠的距離之後，還能夠返回牠們原來的洞穴冬眠。查理坎貝爾博士（1925年）用白油在許多鳥糞蝙蝠身上做了記號，白天把牠們帶到離洞穴約三十哩遠的地方後釋放，發現牠們大約五十八分鐘後就可返回原來洞穴。格雷芬把小棕蝙蝠（髭蝠）從牠們棲息的老巢攜帶到數哩以外的海邊，也得到相似的結果。

蝙蝠的香氣腺

蝙蝠有種香氣腺會產生強烈濃郁的麝香氣味，牠們棲息的地方常有這種氣味，雖然只是一點點，很遠的地方也聞得到。這種氣味，可能用來幫助蝙蝠找到原來的洞穴，也可能用來吸引同類的蝙蝠來結合成一個群體。科特（1926 年）曾發現在亞馬遜河河口附近的馬拉喬島上的中空樹幹內，有數種蝙蝠的群體一起生活。他寫道：「樹幹內有特別濃郁和可厭的氣味。牠們的巢穴所在地，往往可由此氣味來確認。當牠們停歇於公墓上的時候，我可以從牠們所棲息的樹叢一百碼遠的距離，覺察出這種氣味。」

蝙蝠身上香氣腺的位置各不相同，如大棕蝙蝠是在沿著上唇的膨脹部分，家蝠則在喉頭上端的中間部分有圓形小瘤狀腺體。另外有些蝙蝠在頭部前面的中央有很大的腺體，有些在喉頭下端的中央具有大袋狀的腺體。除了在頭部和喉頭之外，少數蝙蝠在飛膜上有香氣腺。有一種家蝠的雄性個體，在尾部的基底有一小片腺毛，在飛膜內有香氣腺的存在。

南美的袋翅蝙蝠的飛膜內有很大的袋狀腺，從肩部的前端延伸到腕部。其中有一種蝙蝠，牠的腺體開孔靠近飛膜上側的肘部和前臂區域，可由肌肉的動作而擴張，但此開口通常是緊密而皺縮的合

在一起。開口的內側是淺白的顏色，和黑色的飛膜互相對映。米勒在食魚性蝙蝠中，發現有一奇特腺體位於前臂和翅膀的第五指之間的飛膜內，大小有如燕麥。它在三隻雌蝙蝠身上發育良好，雄蝙蝠卻缺少此一腺體。一般雄蝙蝠的香氣腺都比雌蝙蝠大，有的雌蝙蝠根本沒有香氣腺。

繁殖時期是香氣腺的活動期，它們的氣味可用來吸引或刺激異性。除了尋找原來棲息的洞穴，香氣還可用來趕走剋敵，使敵人厭惡而撤離。香氣腺的存在，表示蝙蝠有發育良好的嗅覺器官，食果性蝙蝠便可憑嗅覺找尋食物。南美的熱帶地區中，如果在屋子內掛一堆成熟的香蕉，很快就會引來許多蝙蝠。食花性蝙蝠也會被某種花強烈的花香所吸引。

握在手中的蝙蝠

當我們手中握著一隻蝙蝠時，應該如何來安置牠呢？手中握一隻蝙蝠就像握住一團燒熱的煤球一樣，把牠放開似乎是最好的辦法。握住任何一隻受驚的蝙蝠都會有被咬的危險。因此，我們如果不想把牠放掉，就必須要改變另一種方法來握持牠。

要握一隻活蝙蝠，最好的方法是抓住牠頸子的後部。要是可能的話，也可以小心翼翼捉著牠的翅膀。如果我們捉住牠背上疏鬆的

皮毛，因牠的頭部可自由地轉動，就很可能被牠咬到。

蝙蝠受到驚嚇，會顫抖地發出尖銳聲，但和一般鳥類在驚恐的狀態下發出的躁音不一樣。牠將會盡量用力張開嘴巴，並且會陣陣抽搐，如此的恐懼狀況並不會持續太久，如果你繼續穩穩地握住牠，牠不久就會停止掙扎和尖銳叫聲。不過，一旦你稍微動一下，牠就又開始掙扎和尖叫。然而，這還是無法持續太久，因為一段時間以後，牠就會疲倦了。

蝙蝠和雷達的比較

蝙蝠和雷達在回聲測距上有異曲同功之妙，但在實際應用上卻有很大的差別。蝙蝠的興趣在測出數呎或數碼以內的小蟲，而空用雷達的使用者，則希望確定地面目標或數哩外其他飛機的位置。蝙蝠使用聲波，雷達使用波長略長的無線電波。蝙蝠的行動極為迅速，牠一連串的測知、轉向、攔截、捕捉和吞嚥的動作，都在一秒鐘內發生。飛行員在空用雷達螢光幕上發現一個小點時，先注意它相對位置的改變，然後採取適當的行動，或以轉向來避免碰撞（如兩機都是客機），或追逐他機並發射機槍或火箭（如在戰時所遇為敵機），整個作業必須由一人全神貫注地注視雷達幕上的小點再一步步操作完成，而蝙蝠卻在黑暗中一秒鐘內做完。

蝙蝠的腦子比鉛筆上的橡皮頭還小，牠以最輕的裝具，最小的功率，在最大的距離，測出可能最小的目標，顯然比雷達的效率高得多。蝙蝠自己維護與修理牠「有生命的機器」，雷達則需要人製造與修理。

結語

蝙蝠在動物界確是較為神秘的一員，尤其是利用回聲引導飛行方向的技術，所產生的高度精確性，是其他動物所不及的。我們研究蝙蝠的飛行行為，希望能在研究過程中找出一些線索，進而對盲人的行動有所幫助。即或不然，至少也可使我們對自己所生存的環境有較佳的了解。

（1979 年 6 月號）

鹿死誰手？

——淺談愛爾蘭巨鹿的滅絕

◎—陳敏（日告）

畢業於清華大學歷史研究所

最近空氣中瀰漫著長毛象的味道，因為大家引領企盼的長毛象終於來到臺灣了，或許我們可以模仿詩人余光中先生的口吻說：「今（2008）年臺北的天空很長毛象！」此次長毛象特展自 7 月 11 日至 11 月 4 日，據承辦單位預估，參觀民眾可達五十萬人，可見人們對於古生物仍然存在強烈的好奇心。不過，古代大型生物除了長毛象外，愛爾蘭鹿的魅力也不容小覷，且讓我娓娓道來。

關於愛爾蘭鹿

愛爾蘭鹿的由來

愛爾蘭地處西歐島國，面積約八萬四千四百二十一平方公里，

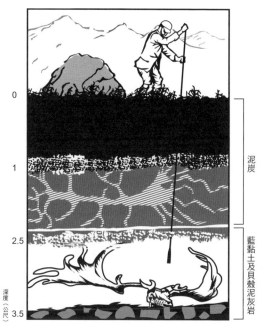

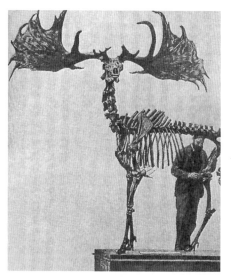

博士挖掘過程的地層剖面圖。

人類與愛爾蘭鹿的體型差距懸殊。摘自《達爾文大震撼：聽聽古爾德怎麼説》。

外形像馬鈴薯，全島為多雨型溫帶氣候，年均溫約攝氏 15～16 度，四季分明，但景觀終年常綠。每年 2 月至 9 月，愛爾蘭百花盛開，這裡良好的氣候因素極適合生物成長。愛爾蘭鹿原名為 Megaloceros，由於這些古巨鹿遺骸大部分出土於愛爾蘭的沼澤區內，所以又稱為愛爾蘭鹿，在 Ballybetagh 沼澤區就曾挖掘超過一百具愛爾蘭鹿骨骼化石。根據古爾德（Stephen Jay Gould）著作《達爾文大震撼：聽聽

古爾德怎麼說》一書所言，愛爾蘭鹿約活在阿勒諾冰河時期（Alle-rod Ice Age），此時期為較溫暖的冰河時期，在距今約一萬二千年到一萬一千年前。

但到了 1746 年，在英國的約克郡也挖掘出愛爾蘭鹿的頭骨，首先打破牠出自愛爾蘭的獨尊地位，這也意味愛爾蘭鹿在同時期的活動區域不僅侷限於愛爾蘭地區，這個觀點很快便得到證明：在 1781 年，歐洲大陸也首次發現到這種巨鹿的骨頭，地點在德國；後來在 1820 年代左右，科學家更在英國的人島（Isle of Man）挖掘到第一具完整的愛爾蘭鹿骨頭，而這具完整的骨頭至今仍完整保存在英國愛丁堡大學博物館中，總計愛爾蘭鹿化石曾出現在愛爾蘭、英國、德國、法國、匈牙利、義大利、中亞國家，甚至出現在澳大利亞。

挖掘愛爾蘭鹿的過程

愛爾蘭鹿的化石常位於地表下二至三公尺處，這些化石多半是農夫在開墾農地時挖掘出來的，法國脊椎動物化石領域專家居維葉（Georges Cuvier, 1769～1832）第一次看到這些完整的化石時，不禁發出可惜之聲：「愛爾蘭鹿的化石早已被自然學家所遺忘。」

考古學家發現博物館收藏的愛爾蘭鹿遺骸中，雄鹿比雌鹿多了許多，我想合理的解釋為：雄鹿的鹿角比較吸引農夫或考古學家的

眼光，雌鹿相形見絀。另外，若根據挖掘出的鹿角來判定鹿齡，年紀在一至二歲的鹿很少，主要原因是鹿角尚未成熟且不壯觀，可能挖掘後便遭遺棄了。

愛爾蘭鹿的體態

關於愛爾蘭鹿體態的描繪，首先出現在 1588 年歐文所著《*A history of British fossil mammals, and birds*》一書中，歐文開了先鋒，針對巨鹿的鹿角、身長、前腿骨長、後腿骨長、腳指長等，進行詳細的科學測量。近來科學家也做一些量化的工作，如測量標本、提出質疑、重新分析、利用碳十四的測驗方法、利用精確的數學技術，來追蹤愛爾蘭鹿演化的歷史，並且希望從骨幹遺跡得到更多訊息，以了解愛爾蘭

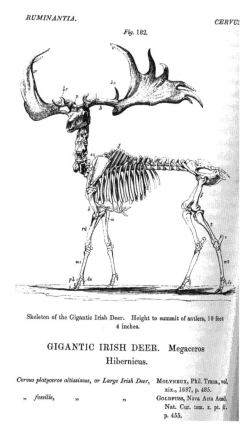

歐文於 1846 年重建愛爾蘭鹿的骨幹標本示意圖。摘自 A history of British fossil mammals, and birds。

鹿的形態、習性、並推論當時的生活環境。

　　在十八世紀時，曾有人進貢愛爾蘭鹿的骨幹標本給英國王室，國王欣喜之餘，就把鹿骨珍藏在大英博物館的獸角陳列室中。愛爾蘭鹿除了具有吸引人的巨大外觀和特殊形態，牠可觀的大鹿角更是古生物的重要表徵，代表長時間演化的結果。這對大鹿角實在太引人注目，因此當愛爾蘭鹿出土後，其他珍禽異獸的獸骨就不再得人眷顧，相形失色。英國古生物學家兼內科醫生巴金森（James Parkinson, 1755～1824）就曾說：「在大英帝國所有的化石標本當中，沒有一種能夠比愛爾蘭鹿更令人激賞了。」而耶魯大學的地質學家班傑明（Benjamin Silliman, 1779～1864）於1851年造訪歐洲時，也曾對博物館的骨骼珍藏感到神奇，尤其是愛爾蘭鹿與恐龍的獸骨。

從演化觀點談愛爾蘭鹿

長毛象與愛爾蘭鹿

　　若要推舉生存在冰河時期的大型哺乳類動物代表，獲選者應該是長毛象和愛爾蘭鹿。長毛象生活在沖積世中期，大約在三十七萬年前出現，而在一萬年前絕種。長毛象又稱為猛瑪象，牠是陸地上生存過最大的哺乳動物之一，重約六至八噸，看起來酷似身披長毛

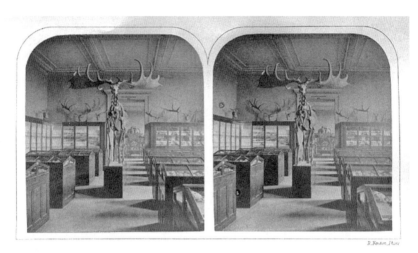

大英博物館內的愛爾蘭鹿標本。

的大象，牠在演化論史中的地位以及滅絕的原因，同樣引起科學家
的高度重視，許多科學家對於牠在冰河時期的演化過程，有著南轅
北轍的觀點。長毛象的生存年代及生活地理區域與愛爾蘭鹿極為類
似，因此研究愛爾蘭鹿的過程中，長毛象扮演不可或缺的角色。

天擇還是非天擇

　　愛爾蘭鹿在演化論的歷史發展中曾激起許多漣漪。達爾文
（Charles Darwin, 1809～1882）在《物種起源》中論述，生物在演化
過程中發生的改變，並不是線性關係，這些改變含有生物適應性，

即天擇；反對達爾文學派的人卻以愛爾蘭鹿當反例，認為生物演化並非經由天擇，而是一種「定向演化理論」（orthogenesis theory）：生物若向某一趨勢發展，便會無止境地發展下去。根據這個理論，愛爾蘭鹿如此龐大的身軀必定也是從較小的體型演化過來的，若單考量其鹿角，愛爾蘭鹿小時候鹿角必然較小，隨著鹿角不斷地變大、生長，因無法抑制成長的速度，等到鹿角大到容易被樹枝卡住、或深陷沼澤區無法自拔，就免不了滅種的命運了。

另一演化觀點來自法國生物學家拉馬克（Lamarck, Jean Baptiste, 1744～1829）提出的「獲得性狀遺傳理論」，他的理論為：「動物的器官用進廢退；環境影響造成的獲得性狀可以遺傳。」拉馬克猜測，長頸鹿為了吃到樹上的嫩葉而伸長脖子和腿，所以牠的脖子和腿就越來越長；愛爾蘭鹿的鹿角也是一樣的道理，鹿角長的越大越容易得到異性的青睞，因而愛爾蘭鹿的體重越來越重，鹿角也越來越龐大。

美國古生物學家愛德華·庫坡（Edward Drinker Cope, 1840～1897）在 1871 年曾提出一條生物學規律：「在某種特定演化種系中，無論是馬、軟體動物、或是浮游生物，都顯示出體重的逐漸增大。」這條法則稱為「庫坡法則」，因為唯有如此才能確保種族的延續，也就使得愛爾蘭的鹿角不斷長大。

由於生物演化的過程十分緩慢，以人類短暫的生命，是無法親眼目睹的，因此科學家始終爭執不休。

鹿角的生物功能與演化

愛爾蘭鹿的角為何是斜向兩邊，而不是直向前面？這是因為使用直向前的鹿角去攻擊較容易受傷。鹿角的功能比較多的時候是用來與同種動物競鬥，而不是用來攻擊異種動物，也就是說，動物一生中受到同種威脅的機會，恐怕比受到異種威脅（或競爭）的還來得多，於是就演化出這種斜向兩邊的角，既可以用來擊倒對手，卻又不會傷到對手的生命。這與古爾德的認知有很大的差異——古爾德認為愛爾蘭鹿的鹿角只具有展示的功能罷了！但其他生物學家卻發現愛爾蘭鹿本身的骨架雖然比較柔軟，但是在面對外力時，牠的鹿角卻能發揮無比強勁的抵禦功能。

另外，有一些科學家注意到愛爾蘭鹿的角有完美的對稱性，這種左右對稱的特徵，與胚胎的成長有關，因為雌鹿體內含有對稱成長的必需特性。除此之外，若雄鹿的鹿角不對稱，奔跑時比較容易跌倒、甚或不良於行，且雌鹿也偏好鹿角對稱的雄鹿；如此一來，鹿角左右對稱的特徵不斷強化，經過長時間，演化出幾乎完美的對稱鹿角。科學家的研究資料顯示，越健康的愛爾蘭鹿，擁有更完美

對稱的鹿角。達爾文也曾在《人類源流》（*The descent of man*）中談論，愛爾蘭雄鹿頭上的鹿角，可能是為了吸引雌鹿注意演化出來的裝飾品，這就是有名的「性選擇」理論；此選擇通常強化某一性別，特別是男性，這對於種族繁衍是極為有利的，尤其在求愛時期，雄鹿通常會自誇牠們頭上那對巨大的鹿角。

何時為愛爾蘭鹿繁衍後代的季節？Boreas 利用鹿的骨骼遺骸測出雄鹿的重量超過雌鹿 10～11%，同時也使用碳十四的測驗方法來分析鹿角的地位，推論出秋天是最佳的交配季節，因為此時愛爾蘭的氣候溫煦，非常適宜繁衍後代。有趣的是，交配後的雄鹿常常會出現營養不良或精疲力竭的情況，我個人的推測是，雄鹿之間為了爭取與雌鹿交配的機會，戰鬥過於激烈而導致受傷或食慾不振，便出現營養不良或精疲力竭的情況。

愛爾蘭鹿滅絕的原因

從宗教的角度思考

直到十七世紀仍有少數生物學家認為物種是不會滅絕的，其論述出於基督教的信仰，因為物種滅絕便違反上帝仁慈、完美的旨意。許多人不禁要問：「為什麼如此善意與仁慈的神，會允許祂所

創造的完美生物滅絕？」所以，有些科學家否認愛爾蘭鹿的滅絕，他們認為愛爾蘭鹿並沒有完全滅絕，而是生活在地球某處，只不過未被發現罷了。堅持從聖經的觀點來談生物滅絕的人會認為，「滅絕的生物都是上帝有意摧毀的邪惡之徒，或是洪水期間因為某種理由未及上船的族類」。其中最有名的支持者就是 Thomas Molyneux（1661～1733），他是有名的內科醫生兼動物學家，也是第一位描述愛爾蘭鹿滅絕問題的科學家，他曾說：

> 從許多自然學家的觀點看來，從來沒有一種生物完全滅絕、完全消失在這個世界上，因為所有的生物都是被創造出來的；牠們基於如此良善的天意被賦予生命，上帝如此完善地照顧這群生物，所以，這個觀點值得我們同意。

如此的說詞當時無法得到所有科學家的認同，例如當時法國偉大的古生物學家居維葉，他藉由精細的比較解剖研究，證明愛爾蘭鹿與現存的動物都不相同。居維葉曾說：「如果我們能掌握動物身體的一個重要部分，特別是牙齒，就可以重新建構出牠身體的其餘部分。」他把愛爾蘭鹿歸入某個哺乳類化石的分類，這些化石動物卻都沒有現存的後裔，因此確立愛爾蘭鹿已經滅絕的事實，同時也建立地質時間的指標。

人類的殺戮

　　有科學家認為，可能是人類殺害致使愛爾蘭鹿滅絕，但另有科學家推論，巨鹿在人類到達之前就已經消失了，此外，也有人根據巨鹿與人外型上的差異提出質疑。根據歐文重建的愛爾蘭鹿標本得知，愛爾蘭鹿的身高約 10 呎 4 吋（約 3.14 公尺，等於一層樓高），而當時原始人類的平均身高僅約 1.5 公尺，換算得知一頭愛爾蘭鹿約是兩個人的身高總和；鹿角展開約 3.6 公尺，考古資料則顯示一般成熟的雄鹿體重約在五百五十至六百公斤左右，如果人鹿大戰，「鹿死誰手」是很難論定的。愛爾蘭鹿滅絕的原因若是來自於人類的殺戮，那麼可以想像人類必定是利用團體戰術、使用圍捕的狩獵方式才有可能擒下巨鹿。

過度發展滅絕理論

　　愛爾蘭鹿的鹿角被視為導致其滅絕的關鍵因素，因為鹿角不斷長大是由於其內部趨勢所致，這種趨勢可能是基於某些有用的目的，然而愛爾蘭鹿未能意料到不斷變大的鹿角卻成為其滅絕的重要原因。這種「過度發展滅絕理論」是根據前已論述的「定向演化理論」，在十九世紀到二十世紀初，定向演化理論在非達爾文主義的

古生物學家中極為流行，這種理論的強烈支持者，包括俄羅斯生物學家 Leo S. Berg（1876～1950）及美國古生物學家 Henry Fairfield Osborn（1857～1935）等人。這個理論的最佳例證就是愛爾蘭鹿的鹿角演化過程，鹿角不斷長大，且是不可逆的動作，最後可能由於鹿角太重以至於無法抬頭，或是鹿角太大勾住樹枝以至於無法活動而身亡，最終導致愛爾蘭鹿的滅絕。

雖然「定向演化理論」看起來似乎很合理，不過反對的聲音也不小，古生物學家 Francis A. Bather 曾在 1920 年於英國協會公開發表演說批評「定向演化理論」，他主要的論點是，「演化的信念與力量，應來自外在因素而非內部因素」。

達爾文學派的推論

生物滅絕是大部分生物都可能遭遇的宿命，導致物種滅絕的原因，常是因為無法快速適應轉變的生存環境，這些環境因素可能是氣候變遷或是生存競爭。達爾文學派認為，沒有證據顯示有哪一種生物會主動發展出對自身有害的構造，但是這並不保證，有用的身體構造能夠持續適應改變的生存環境。達爾文雖然也認為環境因素（含氣候、食物、地理等因素）是影響物種演化的重要因素，但找到的直接證據卻是相當地少，如他在 1876 年寫給 Moritz Wagner 的信

中所言：

> 依我看來，我最大的錯誤在於低估了環境的直接影響力，如食物、氣候等與天擇無關的環境因子。在我寫《物種起源》時及其後幾年間，我只能找到一點點證據，證明環境有直接影響力，但現在已經有大量的證據了。

可見達爾文在推論環境因素對物種滅絕造成的影響，是非常小心謹慎的，達爾文看待化石的態度也雷同。雖然科學家普遍認為達爾文是熟悉化石的，卻不見他在化石上有多少建樹，因為達爾文深知在許多已經滅絕的物種中，有太多遺落的環節，亦即，缺乏許多演化的中間形式，使他不輕易做出物種滅絕的推測。

氣候的變遷

近代科學家古爾德進行更科學的研究方法：測量標本、提出質疑、重新分析。古爾德用自己的看法補充了前人的學說：「角是統治階級的符號，角大說明地位高，可以吸引雌性，因而保證了生殖的成功。也就是說，角越大的後代也越多，這是生殖上的自然選擇。」然若如此，巨鹿為什麼還會滅絕呢？古爾德認為，雖然愛爾蘭鹿能夠悠遊生活在多草、少森林的空曠平原（這是阿勒諾冰河時

期最常見的地理景觀），也適應得很好，但是，隨之而來較冷的冰河時期，使愛爾蘭的地理環境有了極大的變化，成為接近極地的凍原氣候，愛爾蘭鹿既無法適應這樣的轉變，也不喜歡冰河消退期後的茂密森林環境，因此逐漸遷離愛爾蘭本島，往俄羅斯與中亞國家前進。

科學家認為，愛爾蘭鹿遷徙的原因不外乎氣候變遷，不過還有一點是常被忽略的，就是西元前 8300 年左右，根據地理學家的推算，當時的海平面不斷上升，幾乎淹沒了愛爾蘭，成為名符其實的海島，所以，或許愛爾蘭鹿的遷徙有其說不出的苦衷。

結語

雖然愛爾蘭鹿早已遠去，人們仍然對愛爾蘭鹿念念不忘，在 1999 年為了紀念愛爾蘭鹿曾在地球出現過，愛爾蘭當局發行了紀念性郵票，而當地

愛爾蘭鹿紀念郵票。

的自然博物館更常舉辦有關愛爾蘭鹿的特別展覽。

　　愛爾蘭人紀念愛爾蘭鹿的方式除了發行郵票與展覽外，最特殊的紀念方式，當屬 1995 年諾貝爾文學獎主 Seamus Heaney 所寫懷念愛爾蘭鹿的詩──〈Bog land〉。該詩首先描述愛爾蘭的地形特色充滿沼澤，後提及愛爾蘭人的祖先在沼澤區中發現令人嘆為觀止的愛爾蘭鹿骸骨，便一層層地挖掘，期望能夠找尋更多曾經在此地生活過鹿群。愛爾蘭鹿是愛爾蘭人的精神象徵，就如〈Bog land〉詩中一段話：

> They've taken the skeleton
>
> Of the Great Irish Elk
>
> Out of the peat, set it up
>
> An astounding create full of air.

　　愛爾蘭鹿吸引人的特質（巨大的身軀、漂亮的鹿角），是現今生物界難以比擬的，因此引起人們更多的好奇及更深入的研究。我想隨著科學知識演進，愛爾蘭鹿的滅絕理論可能還會有全新的解釋，我喜歡古爾德的〈向古老大師學習〉一文，他認為從愛爾蘭鹿滅絕的事件中，人類應該學習到如何與大自然和平相處，文明的進步必須配合大自然的脈動，在科技進步與生活環境間尋求一個平衡

點，才有可能永保安康。

今（2008）年臺北的天空很長毛象，希望來年臺北的天空會很「愛爾蘭鹿」！

（2008 年 10 月號）

參考資料

1. Stephen Jay Gould，程樹德譯，《達爾文大震撼：聽聽古爾德怎麼說》，天下文化，1995 年。
2. Charles Darwin，葉篤莊、周建人、方宗熙譯，《物種起源》，臺灣商務，1998 年。
3. Ian Stewart，蔡信行譯，《生物世界的數學遊戲》，天下遠見，2000 年。
4. Rechard Owen, A history of British fossil mammals, and birds, AMS Press, 1976.
5. Claudine Cohen, The fate of the Mammoth, Chicago University Press, 2002.
6. Martin J. S. Rudwick, Georges Cuvier, Fossil Bones, and Geological Catastrophe, Chicago University Press, 1997.

大貓熊的總探討

◎—陳國成

任教於中興大學環境工程研究所;《科學月刊》編輯委員

模樣可愛的大貓熊已瀕臨絕種,如何保育,值得大家深思。

世界珍奇的稀有動物

大貓熊的可愛和吸引力,恐怕沒有其他動物比得上,牠已被列為世界的珍寶,是瀕臨絕種的珍貴動物之代表,也是考驗生態保育的試金石。動物學界、動物園工作人員和國際保護野生動物組織,都在致力於大貓熊的地理分布,進化探討、生態調查、生理研究、人工飼養和繁殖生長發育的觀察。大家一致認為大貓熊已逐漸步入絕滅的命運,必須為牠保留最後的棲身處所,讓野生者得以在自然保護區安全自在地成長繁衍;同時須以人為方式大量培植大貓熊主食的冷箭竹,讓食物來源不致匱乏;必要時還得施行優良配種,應用生物科技來協助這類珍奇動物存活下去。

大貓熊(giant panda)的學名為 *Ailuropoda melanoleuca*(Dav-

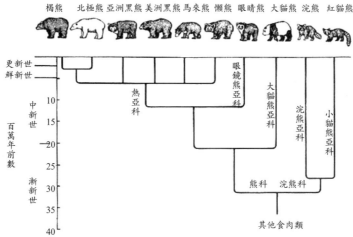

圖一：由現代分子生物學方法所得資料做成的系統發生樹，將大貓熊置於熊科，在此科內基於牠的特殊性，足可另立為大貓熊亞科。

id）。大陸稱為大熊貓，日本名稱也同，臺灣多取名為大貓熊或貓熊。近百餘年，來生物學家對於這個物種的正確分類一直爭論不休。現代分子生物學方法彙集的資料證實，現代的熊科（Ursidae）和浣熊科（Procyonidae）約在三千五百～四千萬年前分歧成兩個不同的系（見圖一）。經過約一千萬年間，浣熊這一科分成舊大陸浣熊和新大陸浣熊兩類，前者居住於歐洲、非洲與亞洲，可以今日的紅貓熊（red panda）為代表（見圖二），一般稱為小貓熊（lesser panda），被認為已具有一亞科的地位；有些解剖學上的特徵和大貓熊一樣，如平的磨齒有多重尖頭，所以也是吃竹子高手。後者分布

圖二：紅貓熊體型較小呈棕黃色，有條環紋的長尾巴，喜群居，也嗜食竹類。

於北美洲和南美洲，以今日的浣熊（raccoon）、長鼻浣熊（coati，狗屬）、南美節尾浣熊（olingo）和蜜熊（kinkaijou）為代表。大貓熊則約在一千五百萬至二千五百萬年前，從牠的熊祖先分歧出來，因構造上的特殊性，足以成為另一大貓熊亞科（Ailuropodinae），而被視為逾百萬年的化石級國寶。

自然界的悲劇動物

大貓熊在生物演化過程中，一直是個逃避主義者，畏懼強敵，個性害羞又帶些斯文。牠們生性孤獨，不懂得合群；缺乏感情生活、交配困難、發情期短；生活單調，終日為果腹不斷的覓食；居無定所，連行動都常是走 Z 字形，像是逃避什麼，缺少安全感。因其不願意人們闖入，所以野外調查工作不易進行，要想人工繁殖更是難上加難。

大貓熊的化石紀錄有三百萬年，分布廣達中國東部和緬甸北部（見圖三）。早年大貓熊生長在風光明媚的江南地區，是肉食動

物。後來競爭不過天敵，加上人為活動的干擾，才逐漸向西遷移，過鄂入蜀，如今退到四川臥龍一帶的岷山山脈，躲入營養貧乏的茂竹叢林。大貓熊身體滾圓，毛粗皮硬耐磨擦，可防止其他食肉強敵來侵，據說其肉質也粗，沒有猛獸嗜食，可能也是倖存之道。

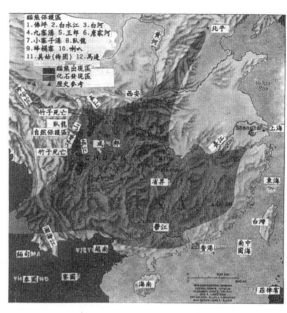

圖三：貓熊的家鄉：中國大陸四川、陝西及甘肅南部高山地區，包括十二處大貓熊自然保護區。

生長的地理環境

自然地理

大貓熊今日主要分布在四川境內橫斷山脈東緣與盆地接壤的南北走向的狹長地帶。南起大涼山沿邛崍山脈以北至南坪縣，延至甘肅省文縣的南端；即在東經 102°00'～104°40'，北緯 28°00'～33°25'。此外，秦嶺南坡中段，即東經 107°46'～107°56'，北緯 33°35'～33°

41'，也有少數分布。全地區海拔高1,500～3,600公尺，大貓熊適應區的海拔則為 2,200～2,600 公尺。冬季平均溫度為 −10℃，濕度為90%；夏季平均溫度為25℃，濕度為60%。全區濕度高，冬夏溫度相差懸殊。

植物相

海拔 1,500～2,100 公尺處，除常綠樹種外，尚混生樺樹、槭樹，榛屬的一些種和漆樹等落葉樹種。常綠、落葉混交林中有一種十分珍貴的落葉樹珙桐，這是我國特產的單型屬植物，被列為國家級保護植物。林下灌木屬發達，包括大貓熊主食的箭竹及拐棍竹、溲疏、忍冬和山柳等。

海拔 2,100～2,600 公尺處，隨著地勢，氣溫逐漸降低。耐寒的針葉樹有了立足之地，鐵杉、冷杉、雲杉、華山松，油松等針葉樹占據了森林的最高層次，與闊葉樹組成針闊混交林。喜生於山地的灌木杜鵑、花楸、莢蒾等與大量竹類為林下灌木屬的主要成分。

海拔 2,600～3,600 公尺處，雲杉和冷杉占了絕對優勢，成為亞高山針葉樹林的主要成員。林下有大量箭竹和杜鵑；與大貓熊存活密切相關的箭竹，從海拔 1,500 公尺至 3,600 公尺都有分布。上層闊葉樹和針葉樹受外界因素破壞時，生命力極強的箭竹可利用地下橫走

的竹鞭不斷生出新芽，一根根春筍便冒地而起，形成密實的竹叢。海拔 2,100～3,600 公尺高處的箭竹茂密地帶，便為大貓熊的主要棲息地。

自然保護區

中國大陸貓熊的保護區中（見附表）以臥龍自然保護區最著名，該保護區位於四川省汶川縣岷江上游，距成都約一百公里，總面積達二十萬公頃。1963 年成立，1975 年正式畫定，1980 年納入世界自然保護區，次年建立大貓熊研究中心。海拔從入口處 1,200 公尺到最高的四姑娘山 6,250 公尺，全年平均溫度不到 9℃。保護區裡群山連綿溪水蜿蜒，翠谷流泉景色奇絕。大貓熊喜棲於原始森林和林下灌木層，密實的冷箭竹林正是大貓熊的天然樂園。

獨特的外型和特徵

大貓熊的種種特徵都和牠的演化過程有關，可綜合數點如下：

1.大貓熊自成一亞科，其不屬於熊亞科的理由，不僅源於食物的特化，同時兩者的習性和染色體數目亦有顯著差異。一般分布在高山的熊都會冬眠，大貓熊則全年活動，因為其所主食的竹子無法充分提供冬眠必須的熱量。熊屬的褐熊有三十七對染色體，各個染色體均是端位染色體；大貓熊有二十一對染色體，各染色體多屬中位

省區	名　　稱	位置	面積 （公頃）	主要保護對象	畫定日期
四川	臥龍自然保護區	汶川縣	200,000	大貓熊等珍稀動物及自然生態系統	1975 年畫定 （1963 年成立）
四川	王朗自然保護區	平武縣	27,700	大貓熊等珍稀動物	1963 年
四川	唐家河自然保護區	青川縣	40,000	大貓熊等珍稀動物及自然生態系統	1978 年
四川	馬邊大風項自然保護區	馬邊縣	30,000	大貓熊等珍稀動物及自然生態系統	1978 年
四川	美姑大風項自然保護區	美姑縣	16,000	大貓熊等珍稀動物及自然生態系統	1978 年
四川	九寨溝自然保護區	南坪縣	60,000	自然風景區及大貓熊等珍稀動物	1978 年
四川	蜂桶寨自然保護區	寶興縣	40,000	大貓熊等珍稀動物及自然生態系統	1975 年
四川	小寨子溝自然保護區	北川縣	6,700	大貓熊等珍稀動物	1979 年
四川	白河自然保護區	南坪縣	20,000	金絲猴等珍稀動物	1963 年
四川	喇叭河自然保護區	天全縣	12,000	羚牛等珍稀動物	1963 年
陝西	太白山自然保護區	太白、鄜、周至三縣	54,158	自然歷史遺產	
陝西	佛坪自然保護區	佛坪縣	35,000	大貓熊等珍稀動物及自然生態系統	1978 年
甘肅	白水江自然保護區	文縣、武都縣	90,953	大貓熊等珍稀動物及自然生態系統	1963 年

染色體，顯示其中位染色體乃由祖先熊（目前已絕種）的兩個端位染色體聯結而成（見圖四）。紅貓熊則有二十二對染色體。

2.大貓熊的骨骼大而厚（見圖五），為同型動物的兩倍重。特別是頭部，既寬大又厚重。顎骨的質地也強硬有力，能咀嚼堅韌如竹子的食物。

圖四：大貓熊（每對左方）的代表性染色體（第一～三對）與同源的褐熊（Ursus arctos）染色體，相較圖。例如大貓熊的第一對染色體一半與褐熊的第二對染色體同源，另一半則與褐熊的第三對染色體同源。

3.大貓熊的牙齒寬且厚，磨碎能力強，齒式為 3/3, 1/1, 4/3, 2/3 ＝ 40（依序為門齒、犬齒、前臼齒、臼齒）。其中犬齒變短而鈍；臼齒加寬，齒冠多稜形齒尖（見圖六）。大貓熊以脆嫩清香的竹筍及竹葉為主食，也吃一些果實，偶爾還吃動物性食物，堪稱肉食動物中的素食者。食性是高度特化及長期演化的結果，這種結果使牠只能適應竹類繁衍的陰濕環境。

4.大貓熊前腳掌中有一由腕

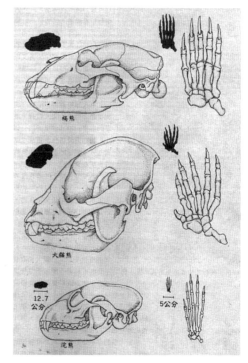

圖五：大貓熊的骨骼構造與近親褐熊、浣熊不同。大貓熊特殊的頭骨表示其草食性適應，加寬的臼齒和增大的犬齒須於撕咬竹子，各掌另有一根由腕骨延長而成的尖形大拇指。

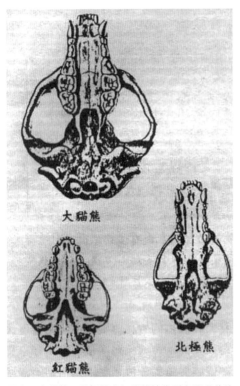

圖六：大貓熊、北極熊和紅貓熊的齒形和顎長的比
　　較。

骨進化而成的假大拇指，該掌
因前面一排五個手指和一個小
形拇指而變得特別靈活（見圖
七）。靈活的前腳掌使牠能夠
坐著取食。

　　5.貓熊的消化系統與食肉動
物相似，胃部不具反芻功能，
亦無產生纖維酶的微生物，所
以不能消化竹類纖維。腸粗短
且沒有盲腸，吸收少排泄快，
食物很少能充分發酵。主食的
箭竹（Sinurundinaris spp.）營養
含量不高，必須大量取食。野
生者藉著不斷摘下竹枝而運
動；動物園飼養則常食備妥的

竹葉，致缺乏運動而生長不良。大貓熊平均每日要吃十五至二十公
斤的竹葉和竹莖，野生者一天約有十六小時在尋找食物，因此養成
邊吃邊睡的習慣，居無定所。

　　6.大貓熊以發達而厚密的毛層增加禦寒抗凍的能力，因此冬季積

圖七：靈活的前腳掌可以幫忙大貓熊坐著吃竹葉。

圖八：大貓熊沒有冬眠，能耐嚴寒。

雪的箭竹林中仍有牠活動的足跡（見圖八）。貓熊的活動範圍常與箭竹的生長和水源的分布密切相關。

7.貓熊的個性較畏縮，很少主動攻擊，更少報復行動，所以總是在清潔的活水源和箭竹發育良好的地區活動。祇有在育幼期發揮母愛，抵抗強敵來犯（見圖九）。平日多單獨行動，喜歡隱蔽，活動範圍常限

圖九：性情溫和的大貓熊，遇到強敵威脅到幼兒時，也會發揮母性強力反撲。

於十至三十公頃之內。

8.並非所有箭竹都為大貓熊所喜食，牠們對竹類有很強的選擇性。自然保護區內可以看到冷箭竹、拐棍竹、大箭竹、箭竹、豐實箭竹和白箭竹等，其中冷箭竹大貓熊最喜食。在冷箭竹分布最集中的針闊葉混合林帶，其活動最頻繁，牠們總是敏銳地選取營養期生長最好的脆嫩冷箭竹。富含蛋白質、脂肪、糖類及多種維生素的竹筍也是大貓熊喜愛的食物。有時候並摘果實，以調配過分單調的食譜。

繁殖的難題重重

專家學者公認大貓熊的生殖力差和近親交配（inbreeding）是衰亡的主因。大貓熊的婚姻生活並不甜蜜，交配對象也狹窄。發情期多在每年4月，約局限於二十五日。發情時，雌者肛門旁的兩個腺體會分泌乳白色帶酸味油液，吸引雄者。雄體嗅到則抬起後腳將尿液噴灑其上，尿液混合著生殖腺的分泌物，腥味濃烈。交尾前雄者常須為爭寵而相鬥，勝者才能獲得育種權利。大貓熊因活動有限，勝者常是近親，以致處於遺傳劣勢，造成後代退化。大貓熊喜擇雨天或雨後轉晴的天氣交配；飼於動物園者，交尾時間則多在早上和黃昏。

受孕率不高的原因，一方面是雌者卵巢活動力小（左邊卵巢比右邊卵巢大，右邊卵巢有時不形成卵泡），卵泡數又極多（卵巢進化程度慢，仍保留較低等的特性，故形成大量卵泡），致卵泡發育受阻。初級卵泡分布在卵巢的皮質淺層上，次級卵泡則在成熟中的卵泡附近或與成熟卵泡相連接，這些卵泡重疊成塊突出卵巢表面，大小可達 12.5mm×9.0mm×6.5mm；卵泡數雖多，但一次所排之卵真正成熟者僅一至二個，因此精子與成熟卵相遇的機會便少。另一方面是雄者精子頭部末端所含的粒線體太少，致精子游動力弱而不易與卵子會合。

雌者的妊娠期為一百二十至一百五十八天，長短不一。懷孕期間，其腹部和乳房無明顯變化。產前三天基本上不吃不喝，也少活動，所以體力不佳。一般每胎雖產二仔，但常棄去較弱的第二仔。母方須擔負選擇產仔洞穴、築巢和哺乳（見圖十）等繁重勞動。幼兒養育頗為困難，新生胎兒體重

圖十：大貓熊授乳採用坐姿，幼兒在母親懷裡特別溫馨。

僅約一百一十克，只有母體重量的 1/800（見圖十一）。母者體態笨拙，遇到侵襲常無法妥善照顧幼兒，而幼兒斷奶又需時半年以上；加上在天然惡劣的環境裡覓食不易，竹源一斷幼兒的發育便不良，存活率當然大大降低。

圖十一：大貓熊的幼兒成長過程：初生胎兒只有母體重的 1/800，幼兒成長快速，需要細心呵護。四十天後睜開眼睛，到了四個月大體重約達三公斤時腳步才會站穩。

化危機為生機

　　大貓熊的數量正逐漸減少，中國大陸高原森林帶所剩不及七百隻；其他各地包括九所世界著名國家動物園（美國華府、紐約和芝加哥、英國倫敦、西德柏林、墨西哥、西班牙馬德里、法國巴黎及日本上野動物園）和北韓平壤動物園所飼養，及大陸各大都市動物園（以成都、重慶、北京和福州動物園飼養數目較多）所飼養，加上研究中心所飼養，總數不及一百隻。這個國寶級動物正走向衰亡之路，怎不令野生動物保護者憂心。

1983 年，四川省臥龍自然保護區內有 95%的竹類開花枯死。箭竹的開花週期為七十五年；1975 年有一百一十五隻大貓熊死亡，主要即源於食物匱乏造成的飢餓危機。大陸曾採取一系列搶救措施，六年來拯救過十六隻，其中救活了七隻，包括舉世僅見的棕色大貓熊（現飼養在西安動物園）和癒後戴上無線電監視器重返山林以利生態調查的三隻；餘下的九隻則不幸傷病死去。目前，自然保護區的竹子已重新萌生，對現存大貓熊是一喜訊；但是伐木、採竹、燒荒等破壞現象仍威脅著牠們的生存。

　　大貓熊的禦敵能力衰弱退化，在野外的主要天敵有雲豹（cloud leopard）和華南金貓（goldcat）（見圖十二）等，這些掠食者主要危害幼齡和衰老個體。真正可怕的還是人類的暗置陷阱狩獵，幸而大陸當局制定了保護國家級野生動物的法令，在嚴刑峻法下，偷獵的情形已遏止。

圖十二：大貓熊的兩種主要天敵：（左）雲豹與（右）華南金貓。

解困之道可在自然保護區建立竹子走廊，如將天南山的竹林與興隆嶺的竹林連接起來，使兩地大貓熊的種群得以互通。各地保護區積極採用類似措施，便可減經近親繁殖的危機。在人為上則可設法將本地的雄者移出，並將他地的良種引入，避免近親交配，以有效發揮半天然式繁殖法。

　　在學術界，可獎助有關大貓熊的生理、病理和遺傳等研究，運用無線電遙控裝置，實地追蹤野生大貓熊在自然環境中的生活，探討牠的習性，食性、繁殖過程、生境、人為的影響，從而找出牠的生存繁衍的最適條件。另外還須加強國際間合作，借重國內外動物和環境科學專家的智慧以及野生動物基金會等組織的力量，實現保護與擴大繁殖的計畫。而鼓勵世界各國動物園從事人工飼養、人工授精、人工馴化及生理病理研究亦不可少。最後尚須增加各地動物園的交流，設法改進傳統囚禁式動物園管理法，以及禁絕販賣獸皮的不人道行為。

（1990 年 2 月號）

參考資料

1. Davis, Dwight D.（1964）The Giant Panda, A Morphological study of Evolutionary Mechanisms Zoology Memoirs vol.3 : 219-228.
2. Joseph A.Davis（1972）The Giant panda, Grolier's Amazing World Animals.vol.3 : 93-95.
3. Jenny Belson and James Gilheany,（1981）The Giant panda Book, Collins St James' place, London.
4. George B. Schal1er,（1986）Secrets of the wild panda, National Geographic, vol.169,No. 3, 284-309.
5. Stephen J. O'Brien,（1987）The Ancestry of the Giant panda, Scientific American, vol. 257, No.5 82-87.
6. John Bonnett Wexo,（1986）Giant Pandas Zoo Books, wildlife Education, Ltd. San Diego.
7. Claire Miller,（1989）China preciouspandas, Ranger Rick, National Wildlife Federation, vol.23, No.7.

海洋裡的活化石

◎—郭立

我們知道，化石通常是指動物、植物或微生物在自然的狀態下，被保存於岩石、冰層或地殼中，而留下來的痕跡或遺體。但是，「活化石」指的是什麼呢？是活化的石頭？還是活的化石？其實，「活化石」不是化石也不是石頭，而是活生生的生物體，是當前動植物界的成員。簡而言之，活化石是指過去的時代所遺留下來的生物，在外部形態和內部構造上與其古老的祖先並沒有什麼差別。也就是說，牠們是古代生物的殘存者，直到今天，牠們仍執著地保存了古老的真面目。本文中，只介紹幾種在海洋中較具代表性的活化石，讓讀者能進一步了解這些海洋中古老的動物在自然界中所扮演的角色及地位。

最原始的軟體動物──新碱貝

　　1952 年 5 月 6 日，丹麥的一艘研究船嘉拉西亞號（Galathea）在哥斯達黎加西岸的太平洋做最後航行的時候，偶然地從 3,570 公尺深的海底捕獲了十三隻貝類動物。其中十隻是活的，三隻只剩下空殼。經過鑑定，牠們是屬於軟體動物門（Mollusca）、單板綱（Monoplacophora）、Tryblidioidea 目、Neopilinidae 科的種類。從有關的化石紀錄，Tryblidiaceen 這類動物是生活在寒武紀（Cambrian）、奧陶紀（Ordovician）、志留紀（Silurian）和泥盆紀（Devonian）時代的動物。在科學家的心目中，這些動物是早在三億五千萬年前就已經滅絕了，如今又偶然地被發現。毫無疑問的，牠是我們所說的活化石──新碱貝。

　　這種軟體動物，通常生活在陰暗多泥的深海黏土中。牠那扁圓匙狀的殼直徑只有幾公分，外形極像經常在岩岸成群出現的笠螺（見圖一）。在多年以前，某些動物學家就曾經推斷，軟體動物是由某種環節

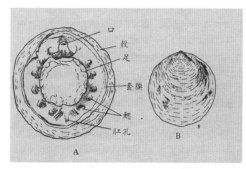

圖一：單板殼綱的原軟體動物（Neopilina）。（A）腹面觀，可看到二側對稱、成對的鰓。（B）殼的背面觀。

動物演化而來的。如果把這兩種動物擺在一起做比較，從外部形態和內部構造上來講，是非常不同的。環節動物具有清楚的體節，而且是兩側對稱。但是，軟體動物卻不具體節，而且並非完全的兩側對稱（有些種類其內部器官是螺旋而上）。由此看來，這兩種動物是毫不相干的。如果說，軟體動物真是由環節動物演化來的，那麼，必定有某種軟體動物，其體制分節，而且兩側對稱（環節動物的特徵）；同時具有貝類的殼和成對的鰓（軟體動物的特徵）。如此，這種動物才能連接環節和軟體動物之間演化的路線。很幸運地，1957 年雷姆莧和溫斯特郎發表了 1952 年捕獲的新碱貝 *Neopilina galatheae* 解剖結果。使人震驚的，牠們的器官系統分節（這種分節在軟體動物是前所未見的），而且兩側對稱；神經系統、腸、血管系統和齒舌板等，都相當於古老軟體動物身上的結構。這些結構和蝸牛、牡蠣、掘足類和頭足類的祖先非常相近。此等特徵正符合了環節動物是軟體動物祖先的條件。所以名正言順的，我們稱牠為「原軟體動物」。這種原軟體動物不僅是活化石，而且在生物演化上占有極重要的地位。

帶有殼的章魚

就海產的活化石而論，鸚鵡螺算是最漂亮的了。鸚鵡螺在分類

上是屬於軟體動物門、頭足綱
（Cephalopoda）中的四鰓目（Tet-
rabranchia）、鸚鵡螺亞目（Nauti-
loidea）（見圖二）。

圖二：鸚鵡螺（Nautilus）之外觀。

　　頭足綱是無脊椎動物中演化
最高的一類；不僅具有複雜的體
制，而且從近海到遠洋，到處有
其蹤跡。頭足綱體可分頭、足、
軀幹三部分。足在前方，軀幹在
後，而頭則介於足與軀幹之間。其足部是由特化成觸手狀的腕所構
成，圍繞在口的周圍，此點和其他的軟體動物迥然不同。在腕之內
側長有吸盤，可以攫取食物。直腸上方具有一墨囊，能分泌棕黑色
之汁液，遇敵則經肛門到水管再噴入水中，藉以逃避。鸚鵡螺和其
他頭足動物有些不同，腕不具吸盤而且體內亦無墨囊。更特別的
是，其軀體披一個在同一平面上旋轉的殼，上面還有棕紅色的火焰
記號。殼的半徑大約在二十五公分左右，內有 36 個氣室，由隔膜分
開。氣室與氣室之間有管子相通，具有調節氣體控制浮沈的功能。
動物體本身是生活在最前端的住室裡，約佔全介殼的二分之一，後
方的其餘各室僅有空氣存在而已（見圖三）。

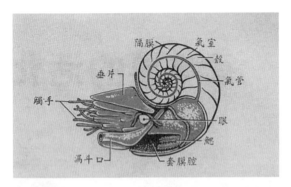

圖三：鸚鵡螺之解剖圖。左邊之套膜被切除，顯示出套膜腔及二個鰓。當動物體縮入殼內時，垂片可蓋於殼口以保護之。

從化石的研究得知，鸚鵡螺的歷史可追溯到後寒武紀時代，直到古生代的初期，鸚鵡螺才漸漸發展到巔峰。從鸚鵡螺的出現到現在為止，其形態幾乎都沒有改變，但是種的數目卻從中生代的前期一直在減退中，至今僅剩下四種和兩亞種。其存在範圍只侷限於西南太平洋的飛枝群島，以及印尼、菲律賓與新幾內亞一帶熱帶與副熱帶的海域。由於鸚鵡螺死後，其殼內的氣室仍留有氣體得以漂浮，所以往往能隨洋流遠抵日本或馬達加斯加一帶的海岸。在現存的頭足動物中，烏賊和章魚佔有實值上的地位。相反的，鸚鵡螺只能算是海洋中沒落的貴族，是古生代四鰓類的殘存者罷了。

建造岩石的海百合

海百合是屬於棘皮動物門（Echinodermata）〔有柄亞門（Pelma-tozoa）〕中海百合綱（Crinoiden）的動物。此綱中除了海百合外還有海羊齒（Feather stars），但僅有海百合是古生物種。海百合早在

古生代的奧陶紀和寒武紀就開始有化石的紀錄，直到今天仍然有牠們的蹤跡。根據化石的紀錄，海百合類的動物在古生代及中生代的侏羅紀有過廣泛的分布，估計可能有五千種左右，但今已式微，僅剩六百三十種而已。在今天，種類比較多的是自由游動的海羊齒這一群，有五百五十種，約佔近代種的 90%。牠們是屬於海百合綱中地質年代最年輕的一支。另外一類就是著生生活的海百合了，現在僅有八十種。在古生代及中生代的時候，牠們曾經盛極一時；到了今天，牠們仍保持了原始的特徵和面貌。

海百合的軀體為杯狀（見圖四），我們叫它萼部，是由石灰質的骨板整齊排列而成。杯口是為口側，環生五枚可以揉曲的腕（有的種不只五枚）。腕一再分枝，成為十個至數十個小枝，每枝兩側都列生有小毛枝，呈羽狀。因外貌猶如百合花，故有海百合之

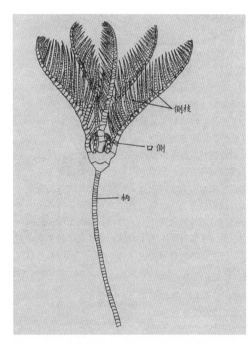

側枝

口側

柄

圖四：海百合之外觀。口側環生五枚可以揉曲的腕。

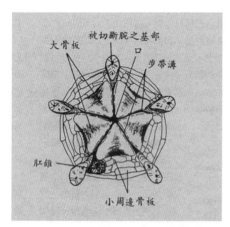

圖五：海百合口側構造圖。步帶溝內長有纖毛，以利攝食。

名。杯底是為反口側，下接著由許多盤狀骨板所疊積而成的柄，以便固著於海底。海百合的口開於口側的中央，由口再向各腕分出步帶溝直通小毛枝（見圖五）。步帶溝內長有纖毛，能利用纖毛的顫動將浮游生物送入口中。食物經過體內盤旋的消化管消化後，再折回口附近的肛門排出。

古代海百合的化石遺跡往往形成岩石，例如阿爾卑斯山的海百合石灰岩，大部分都是由這些海百合的柄節所構成的。根據古生代寒武紀岩層中的化石紀錄，屬於已經絕種的有柄亞門異柱類（Heterostelea），在形態上和現在的海百合很相像，很可能就是海百合的祖先。有些動物學家亦推斷，其他的棘皮動物（無柄的遊在亞門 Eleutherozoa）如海星、海膽、陽遂足等，也可能是從有柄亞門演化出來的。但到今天為止仍未有任何的化石證據能支持此說。

最長壽的活化石

　　海豆芽在體態上因為酷似軟體動物門的雙殼類，所以在以前均被誤認為是軟體動物。其實牠在分類上，是屬於腕足動物門（Brachiopoda）、無關節目（Ecardines）的成員。

　　海豆芽是具有一肉質柄的著生海產小動物，整個軀體包被在一個柔軟的外套膜內，外套向外分泌二枚略呈長方形的石灰質介殼，故以前都被誤認為是雙殼類。其實海豆芽之介殼係在體之背腹面，與雙殼類在體之左右面完全不同。海豆芽肌肉質的柄是從腹介的後端伸出，具有運動的能力（見圖六）。在體腔內還存有三對肌肉，用以開闔介殼，另有二對連於柄部及介殼，所以其軀體可以隨意地翻轉。除此之外，牠在軀體的前部有一對總擔，其上列生有纖毛狀之觸手，藉以攝食，並兼營呼吸、感覺等機能（見圖七）。海豆芽

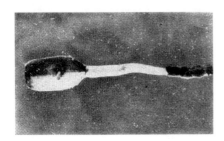

圖六：最長壽的「活化石」——海豆芽（Lingula）。

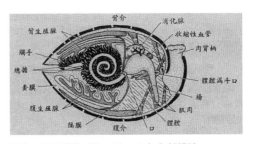

圖七：腕足動物（Brachiopoda）內部構造。

通常生活在西太平洋的熱帶海域，是淺海性的著生生物。牠會利用伸出的肉質柄作洞於泥沙中，然後棲息其內。此洞分上下二部，上部側扁，可容其身，下部細小而圓，以容其柄。如遇有外來的刺激時，會先驟縮其柄，將軀體引入洞內，以避敵害。

腕足類和海百合一樣，在古生代的末期就達到了形態式樣和種數目的最高峰。據估計，在古生代有四百五十六屬，在中生代有一百七十七屬，約三萬種。但到了現在，腕足類已漸式微，僅存二目七十屬二百六十種。在動物界的演化過程中，有些種類極易變化和適應（如昆蟲類），亦有頑強不變如海豆芽者。從寒武紀迄今，牠已經過四億五千餘萬年之悠久歲月，可以算是保守性特強的代表種。當然，我們也可以說牠是最長壽的「活化石」了。

淺海中的活化石

劍尾的俗名是「帝王蟹」、「馬蹄蟹」或「劍尾蟹」，也就是我們所稱的鱟。因為牠具有角質的甲殼及分節的肢，無怪乎我們可以說牠是節肢動物。在以前，動物學家一直拿牠當蟹看，經過長久的努力後才把牠歸到蜘蛛網裡，[1]這是因為牠和蜘蛛綱裡的蝎有很大

---

1. 有些學者把牠歸到切口綱（Merostomata）。

相似點的緣故。今天，劍尾類被看作是蜘蛛綱裡某一動物群的最後代表，這種動物群早在寒武紀時即已出現，而且在古生代曾經有過很多的種。二疊紀以後，約二億年來牠在構造上一直沒有改變，可以說是一種典型的「活化石」（見圖八）。

　　鱟的軀體可分為頭胸及腹二部分。頭胸部呈半圓形，外被有馬蹄狀的堅甲，頭上具有無柄之複眼一對，在兩眼之間又有一小眼。鱟的腹部呈六角形，腹甲寬廣而不分節，其邊緣有針狀突起（見圖九）。在口的兩緣有腳六對，頭胸部與腹部之間有可動之關節，尾端有強直之劍狀物。鱟體呈深褐色，長在六十到一百公分之間，寬

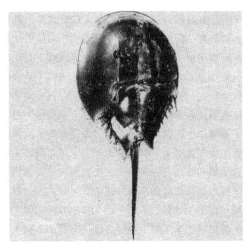

圖八：鱟之外觀。

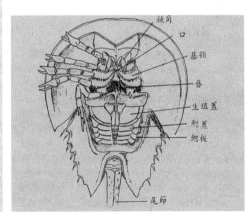

圖九：鱟之腹面構造。

約三公分。

　　鱟常棲於近海多藻之泥沙底，能蟄居亦能游泳，尤在晚間格外活潑，常以小形無脊椎動物為食。其產卵期在春季至秋季，常在初夏交配。此時成熟的雄鱟會伏於雌鱟的背上，收集小形之卵。當卵在體外受精後會被埋在潮線間之沙土中。待卵孵化後經數次的脫皮而生長，四年可成長到八公分，五年之後每年脫皮一次。十至十二年即停止脫皮，到了該階段雌雄較易辨別。

　　現今鱟僅存三屬，共五種。其中 Limulus 這一屬是產在美國大西洋沿岸和墨西哥灣；另二屬都在亞洲，例如孟加拉灣到菲律賓一帶的 Carcinoscorpius 和中國、日本及新幾內亞的 Tachypleus。前者有時會到河流或河海交界的半淡水來。根據小型拖網漁船的經驗，Tachypleus 這一屬的產地以臺灣海峽中線以西靠近大陸較多，中線以東靠近本省較少。

　　雖然鱟在大陸閩浙沿海一帶產量較多，但是缺乏經濟價值，味又不甚鮮美，所以不被人注意。據傳在二次大戰前，鋁製品還未普及，本省及大陸有不少家庭使用鱟殼製成的「鱟斛」，用來作為掬粥或取水的工具。可惜現今「鱟斛」在本省也極難見到了。現在鱟大多由標本加工商購買，作為壁飾用而已。

陸棲脊椎動物的祖先

1938 年 12 月 22 日，東倫敦漁業有限公司的「EI8」號漁船，偶然地在南非外海捕獲一條奇形怪狀的魚。這條魚經史密斯（J. L. B. Smith）教授鑑定的結果，是屬於總鰭魚類腔棘目（Coelacanthiformes）中的古老種，被命名為腔棘魚（*Latimeria chalumnae*）。這種魚具有極強的保守性，從古生代的泥盆紀到中生代的白堊紀，都有其化石紀錄。但是到了白堊紀以後的新生代似乎都已經滅絕了，找不到任何化石上的蹤跡。沒想到七千萬年後（1938 年），在南非的外海又再次地被發現。以後又經過十四年（1952 年），有一名叫胡瑟因（A.Hussein）的漁夫，在靠近科摩羅（Comoro）[2] 的安礁拿島（Anjonan）又捕獲第二條的腔棘魚。以後的數年，在科摩羅一帶的海域又有陸續的捕獲，到最近已達十尾以上。現在已經知道，科摩羅就是腔棘魚的故鄉。牠通常生活在 150～800 公尺間的深海岩石斜坡上，以十至十二公分長的小魚為食。其實當地的漁人早就知道有此種魚存在，只是用不同的名字罷了，他們稱牠為 Kombessa。

---

2. 科摩羅是在東非海岸和馬達加斯加北端之間的群島。

腔棘魚體呈紡錘形，全身被有厚的層鱗（cosmoid scales）；尾呈歪型或對稱型，有時分為三葉；鰭為肉鰭。[3] 氣鰾佔有腹腔背側的全部空間，腹面有孔與食道相通。但是鰾內的空腔甚小，鰾壁有 95% 是脂肪質，不僅沒有呼吸空氣的作用，就是調節魚的比重和控制其浮沈的能力亦很小。此種魚的頭骨已相當硬骨化，腦甚小，僅佔顱腔後方的 1%，其餘的 99% 充滿脂肪，腦的構造多少近似於真骨魚類。在顱骨內，具有可動關節，而頜骨與顱底的關節為舌接型（hy-ostylic type）而非自接型（autostylic type）[4]。牠的前後鼻孔均開於頭部的上方，但與呼吸無關。其紅血球大形，與板鰓類（鮫類）、肺魚類及兩生類相似。卵亦大形，但發生過程尚不清楚。這種魚從侏羅紀以來一直很少改變，我們稱牠為「活化石」是當之無愧的（見圖十）。

　　自從腔棘魚被發現以後，動物學家就順利地解決了在白堊紀以後找不到腔棘魚化石的原因。他們猜想，腔棘魚在泥盆紀之初是棲於淡水的生物，但到了中生代即變為海棲，而且在白堊紀以後的新

---

3. 肉鰭乃指偶鰭具有一多節之主軸，兩側有若干分枝，鰭身有豐富之肌肉，能隨意運動。此為總鰭魚類之特徵之一。
4. 自接型乃上頜靠方軟骨（palatoquadrate）與顱骨底部形成關節，為原始型。舌接型乃上頜間接的靠舌頜軟骨（hyomandibular）以聯於顱骨，為較進化型。

生代（第三紀和冰河期）改轉入深海中生活。因為在深海中形成化石沈積的機會遠較淺海中為小，所以在白堊紀以後自然找不到化石的紀錄。現在這個假說已可從腔棘魚的產地得到證實。科摩羅腔棘魚

圖十：在科摩羅附近所捕獲之腔棘魚（Coelacanth）。

的生存空間是在陸棚之下200公尺深的界限，在這麼深的界限內確實是很少有什麼化石的沈積發生。所以找不到腔棘魚化石的紀錄是可以預料到的。由此，腔棘魚是在新生代才轉變為深海生物的假說亦可以得到間接的證明。

有肺的魚類

　　肺魚在分類地位上是屬於總鰭魚類中的肺魚目（Dipnoi）或稱為泥鰻目（Lepidosireniformes）。現生的肺魚僅有三屬，即產在非洲的原鰭魚（Protopterus）、南美的泥鰻（Lepidosiren）和澳洲的新角齒魚（Epiceratodus），我們各簡稱為非洲、南美洲及澳洲肺魚；其中僅有澳洲肺魚是我們所說的「活化石」。早在 1833 年，奧國的動物

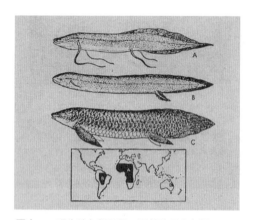

圖十一：現生肺魚類三屬，及其地理分布圖：A.原鰭魚（Protopterus），B.泥鰻（Lepidosiren），C.新角齒魚（Neoceratodus）。其中僅有新角齒魚（澳洲肺魚）是活化石。

學家納特雷（J. Natterer）首先在南美發現第一條肺魚；以後不出幾年，也有人在非洲發現另一種肺魚。在當時，肺魚的發現只不過是造成科學界小小的波動而已。沒想到在 1870 年，葛來佛特（G.Krefft）發現了屬於「活化石」的澳洲肺魚，才造成科學界空前的轟動。

肺魚的軀體長而似鰻，有內鼻孔，偶鰭葉狀或鞭狀（如非洲肺魚），尾鰭為對稱形，背鰭與尾鰭相連合（見圖十一）。鰾之腹側有孔，與氣道連接而開口於食道。鰾壁富於血管，可以呼吸空氣。心耳不完全的分為左右二半，故有體循環與肺循環的雛型，和陸生的四足類及兩棲類很近似。腸有螺旋瓣，但無幽門盲囊。內骨骼不完全的硬骨化，頭骨大部分為軟骨性（軟顱）。

雖然這種肺魚在古生代的泥盆紀就已經出現，但是只有澳洲肺魚在解剖和外形上與三疊紀的肺魚沒有什麼差別。也就是說，牠是肺魚中唯一真正的活化石。至於非洲和南美洲的肺魚，牠們不論在

外形上或解剖構造上都已經和牠們的祖先大不相同，就是在行為上牠們與澳洲肺魚也不相同。非洲和南美洲的肺魚在其生殖期會築巢，且由雄性個體負責養育；而澳洲肺魚只不過在水草中產卵罷了。還有一點，澳洲肺魚不能離水生活，即使在乾旱季節，也須在靜水潭中渡過。但是南美和非洲的肺魚和此不同，當江湖乾涸的時候，牠們可以就地在土壤中，用黏液腺所分泌的黏液，將泥土黏成一個土房，房頂留有小孔，可以呼吸空氣，藉此蟄居其中，以渡過乾旱的環境。在蟄居期間，腎臟與生殖腺附近所貯存之脂肪可供其生存所需。這些不同的特徵都說明了只有澳洲肺魚才是古老種的活化石。

結語

　　海洋裡的活化石除上述幾種外，還有翁戎螺（Pleurotomaria）、六鰓鮫（Hexanchus）中的小鮫（*Hexanchus griseus*）、螯蝦（Eryoniden）、矽質海綿（Hyalospongia）等。在大自然裡，從生命的發生至今，有千千萬萬不同的物種棲息於海洋、陸地或空中。牠們的生存環境各不相同，有的演化過程中會遭到無情的淘汰，但有的卻愈發興盛，活化石就是這種將被淘汰的古生物種。牠們能夠繼續存活到今，不論對古生物學家或是關心進化問題的動植物學家來說，都

是極饒趣味的。因為活化石可以提供一些化石所沒有的資料，尤其是關於解剖特徵和生活習性方面。由於這個緣故，活化石就如同化石本身一樣，替我們在進一步認識古動植物上洞開了方便之門。

（1981 年 1 月號）

物種歧異度

◎—蔡明利

現任職樹人醫護管理專校通識中心

「物種歧異度」是為了比較兩個或兩個以上的社群（com-munities），生物個體在物種間分布的狀況，推演而成的一種指標，廣泛使用於生態學上；它是物種數（number of species）和每一種生物個體豐度（abundance）的函數。當一個社群中所有種類〔相同的營養階（trophic level）或體型相似〕的生物，它的族群密度相當時，則它的歧異度大於個體數分布兩極化（數量偏多及稀少）的生物社群。例如圖一所示：在社群1中，每種生物的數量相當時，歧異度較高；而社群2中生物個體數的分布不均勻，部分種類有較多的個體數，而部分種類則較稀有，因此社群1的種歧異度高於社群2。

雖然，物種歧異度可以顯示物種數與個體數的均勻度（evenness of abundance），但在許多情況下，簡單的物種數表列要比歧異度指數更能反應真正的情況。事實上，物種數是社群歧異度的主要決定

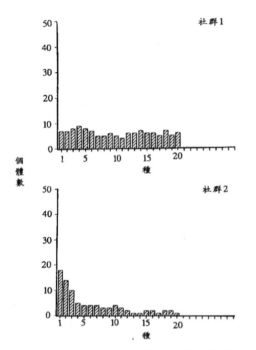

因子。當社群的歧異度指標考慮到物種的相對豐度時，歧異度指數則決定於我們是如何去定義相對豐度與歧異度間的關係。一般的歧異度指的是，個體數在物種間分布的均勻程度。

一般普遍使用的歧異度指數分別有：布理路茵氏 H（Brillouin's H）及向農－魏弗指數 H'（Shannon-Weaver index H'）。這兩種歧異度指數，常用來測量一個採集樣本或一個社群中，種類專一化的程度，反應在生態上即是環境的特殊性，使得生物個體數與物種數呈現某種相關。例如在淡水河的上游，我們可能發現有許多不同種的水棲昆蟲，每一種的數目不多，但在下游，我們可能僅發現個體數量龐大的紅蟲了。歧異度可能因種數的增加或各種類個體豐度的均勻分布而增加。

布理路茵氏 H 適用於當族群中所有個體都能鑑定及計數時；而

圖一：兩個假設的社群，個體數在物種間分布的情形。

向農－魏弗指數 H'則必須假設在一個很大或無限的社群中，可藉由隨機採樣取出隨機樣本。理論上這兩種指數都帶有相當條件的限制；而向農－魏弗指數H'是較常使用的一種。但是從一個無限的族群中，很難得到真正的隨機樣本，因此，H'的使用也就必須更加小心。

什麼是布理路茵氏 H？

布理路茵氏 H 的定義如下：

$$H = \frac{1}{N} \cdot \log\frac{N!}{n_1! \, n_2! \cdots\cdots n_S!} \tag{1}$$

其中，N：所有個體總數

n_i：第 i 種的個體數

S：種數

因為係以整個族群的個體來計算，所以沒有「標準差」。

H 的使用時機，在以下兩種情況下是適當的：一是當我們可以完全掌握社群或族群的全體（鑑定與計數）時，例如在一段朽木中的所有昆蟲、在一個水池中的魚等；另一種狀況是由專業的知識顯示，在一個較大的社群採樣，無法做隨機採樣而得到隨機樣本時，例如，以特定光源所做的昆蟲陷阱得到的樣本，由於光源的波長是

固定的，只能吸引特定的一些昆蟲，樣本並非隨機的樣本時，則可使用布理路茵氏 H。

(1)式可簡化為：

$$H = \frac{C}{N} \left(\log N! - \Sigma \log n_1! \right) \tag{2}$$

以方便計算：在此 C 常數係視所選擇的對數底而定；如以 2 為底時 C = 3.321928；以 e 為底時 C = 2.302585。

社群的最大可能 H 值（H_{max}），係當總個體數完全均勻地分布於物種間時的 H 值：

$$H_{max} = \frac{1}{N} \log \frac{N!}{\{[N/S]\}^{s-r}\{ ([N/S]+1)!\}^r}$$

S：種數，〔N/S）：N/S 的整數部分；r = N−S〔N/S〕，均勻度指數 J = H/H_{max}

布理路茵氏 H 的大小不但決定於種數、均勻程度，且當增加總個體數時亦造成 H 增大；例如假設有十種蛾類的樣本，一百個個體數的 H 高於只有五十個的社群；而向農－魏弗指數 H' 則不會因樣本數的改變而改變。

什麼是向農－魏弗 H'？

向農－魏弗 H'的使用係假設從一個很大或無限的社群中，可以得到隨機樣本，且樣本必須包含了所有社群的物種；亦即所有物種均在此樣本中出現時：

$$H' = -\sum_{i=1}^{S} P_i \log P_i \tag{3}$$

S ＝種數，$P_i = n_i/N$

H'係對整個社群歧異度的一個估計值；就如同統計學的原理一樣，係以樣本的 H'來估計社群的 H'，其期望值與變異數分別為：

$$E(H') = [-\sum P_1 \ln P_1] - [\frac{S-1}{2N}] + [\frac{1 - \sum P_i^{-1}}{12N^2}] + [\frac{\sum (P_i^{-1} - P_i^{-2})}{12N^2}]$$
$$+ \cdots\cdots \tag{4}$$

$$Var(H') = \frac{\sum P_i \ln^2 P_i - (\sum P_i \ln P_i)^2}{N} + \frac{S-1}{SN^2} + \cdots\cdots \tag{5}$$

(4)式中第二項以後，由於很小，一般均可忽略，只計算一、二項即可，而(5)式中第一項以後很小，通常僅計算第一項即可。

兩社群的物種歧異度比較，通常以 t-test 行之：

$$t = \frac{H'_1 - H'_2}{[\text{Var}(H'_1) + \text{Var}(H'_2)]^{1/2}}$$

而其

$$df = \frac{[\text{Var}(H'_1) + \text{Var}(H'_2)]^2}{\text{Var}(H'_1)^2/N_1 \, 4\text{Var}(H'_2)^2/N_2}$$

虛無假設（null hypothesis）是 $H_0 : H'_1 = H'_2$

最大可能 $H'_{max} = \log S$（S：種數）

均勻度指數 $J = H'/H'_{max}$

雖然，這種隨機樣本在實驗室很容易做到，但對於野外的調查則較困難，且如何達到或趨近於向農－魏弗 H'所要求的條件——社群中所有物種均能在樣品中出現呢？同時根據採樣的原則，我們總是希望能在比較小的樣本裡達到這個條件。

有個直接的方法可供參考；我們先將採樣時空（範圍與時段）劃為較小的單位，就空間來說即劃為小方塊，第一格採樣並操縱樣本計算 H'，第二格採樣的資料併入第一格資料累積起來計算 H'，第三次採樣則併入前兩次資料再計算 H'，依此類推下去。當 H'不再隨著採樣範圍增大或次數有增加趨勢時，我們即可確定樣本中已包含

了該社群的所有（或幾乎所有）種類了，當然直接以種數來判斷亦可。這樣就可決定我們採樣的樣本大小了。如圖二例子，大致上可判斷十六個方格的範圍作為一個樣本的大小。

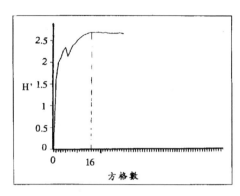

圖二：H'與採樣樣本大小的關係。

另外有一種辛普森氏歧異指數[Simpson's Diversity index（D）〕亦常用到，D 是由優勢度（dominance; C）導來：

$$C = \Sigma \frac{n_i\,(n_i - 1)}{N\,(N - 1)}$$

n_i：第 i 種的個體數；N：總個體數

而 D = 1−C。優勢度代表著在一社群內，各別的物種在個體數上所占的優勢程度；辛普森氏歧異指數 D 適用於，研究者對社群中幾個個體數較多的種類占優勢程度比較有興趣的時候。

五點注意事項

總之，在使用歧異度時須注意下列幾點：

一、H 與 H'必須儘可能使用在體型相似、生態地位相似或同一個營養階上，因為 H 及 H'不能顯示某物種的重要性。例如一千個個體的橈腳類對 H 或 H'的影響，要比十尾大型甲殼類來得大，但顯然大型甲殼類在整個社群來講，要比橈腳類重要。

　　二、歧異度指數 H 及 H'與社群中的物種數有對數的關係；因此，若將十種加入一個有二十種的社群時，H 或 H'會比將十種加入一個有五十種的社群時來得大。

　　三、當我們所有種類均在一個樣本中出現時，樣本數的增加或採樣範圍加大，並不會影響向農－魏弗 H'值。

　　四、「均勻度指數」是歧異度指標的一種，可顯示在整個社群中個體數在物種間分布的均勻程度；另外，如果研究者對幾種個體數較多的種類在整個社群中所占的優勢程度有興趣時，辛普森氏指數 D 則較 H 與 H'適用；H 與 H'兩個指數較易受個體數量中等的種類影響，受個體特多或稀少的種類影響較小。

　　五、歧異度係一種指數，一個固定的歧異度並不能指明是一種固定的族群組成或個體分布狀態，因此，通常是互相比較，才會有較大的意義。即使誤用，在組成與大小相近的兩個社群，來比較歧異度時，仍有其意義，只是這種結果不宜引申或運用作為演繹推論的基礎。例如使用同一臺有誤差（偏高或偏低）的天平，仍可以判

斷兩個物體是那個較重，但其數據與真值差異較大，並不適合進一步運用。況且，如果所比較的社群種類與個體數相當大，則不同歧異度公式計算結果的差異會變小。

物種歧異與污染的關係

物種歧異在美國廣泛應用的另一個原因是，它不必把每個物種完全鑑定出來，只需確定是不同種類而可加以計數即可；通常利用它必須配合著污染、污染物（包括化學物、重金屬等毒性物質及溫度、pH 值等物理因子）的梯度（gradient）劃分。

茲舉美國艾拉姆小河（1977～1978）中的搖蚊類社群結構，隨著重金屬污染梯度而改變的例子，來說明物種歧異度的意義。附表中的五個採樣站中，銅污染的程度由大而小是 1 > 2 > 3 > 4 > 5；物種歧異度的計算分為成蟲與幼蟲兩類。由表可以看出 1 站共發現十五種搖蚊，而 4、5 兩站均為三十九種，但由於 5 站的個體數在物種間之分布較 4 站均勻，所以有較高的物種

表：美國艾拉姆小河中的搖蚊類社群結構隨著重金屬污染的梯度而改變

測站	物種的總數	向農指數（H'）	
		成蟲	幼蟲
1	15	1.10	0.80
2	28	1.10	1.04
3	24	1.07	1.35
4	39	1.64	1.55
5	39	2.67	1.79

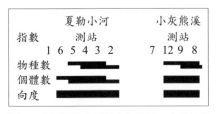

圖三：美國夏勒小河及小灰熊溪，大型無脊
椎動物社群的三種指標之靈敏度 $p < 0.05$。

歧異度。這種例子在已往的文獻已有許多，物種歧異度顯示的意義即：污染造成社群結構的變化、污染造成環境的特化，使得部分種類消失，且由於缺乏競爭使剩下的種類數量增加。有許多研究者配合某些特定的毒物或有機污染，證明了物種歧異度與污染的關係。

另外，物種歧異度有時並不見得比單純的種數與個體數靈敏。例如圖三所示係美國夏勒小河及小灰熊溪，大型無脊椎動物社群的三種不同指數之靈敏性，以「鄧肯氏新多變距方法」（Duncan's new multiple range test）來測驗，底下的黑色線條表示，在同一黑線條內各測站無顯著的差異。例如圖三的物種數中 5、4 及 3 站間無顯著差異，4、3 及 2 站亦無顯著差異；比較向農氏歧異指數，發現物種歧異度指數在所有採樣站間都無差異；雖然這些採樣站係根據污染的梯度而設立的，但由圖三顯示，向農氏歧異指數並無法區分出污染的不同程度，而簡單的種數及個體數則較物種歧異度靈敏。因此，顯然物種數或個體數要比向農氏歧異指數，更能區分不同的污染程度。

（1992 年 3 月號）

參考資料

1. Loi, T-n, 1981, "Environmental stress and intertidal assemblages on hard substrates in the port of Long Beach, California, USA", Marine Biology, 63 : 197～211.
2. Peet, R.K. and O.L. Loucks, 1977, "A gradient analysis of Southern Wisconsin forests", Ecology, 58 : 485～499.
3. Poiner, I. R. and R. Kennedy, 1984, "Complex patterns of a large sandbank following dredging" , Marine Biology, 58 : 485～499.
4. Poole, R.W., 1974, An Introduction to Quantitative Ecology, McGraw-Hill Kogakusha, Ltd, Tokyo.
5. Sokal, R.R. and F.J. Rohlf, 1969, Biometry, W.H. Freeman and Company, San Francisco.

海洋的綠洲
——珊瑚礁資源

◎—戴昌鳳

戴昌鳳任教於臺灣大學海洋研究所；《科學月刊》編輯委員

珊瑚礁是浩瀚海洋中生產力很高的生態系，同時，它也是地球上生產力最高的生態系之一。根據估計，每平方公尺珊瑚礁面積的生產力約為周遭熱帶海洋生態系的五十至一百倍，因此，珊瑚礁常被稱為「海洋中的熱帶雨林」或「海洋中的綠洲」。

珊瑚礁的高生產力，孕育了眾多的生物在有限的空間中繁榮生長，其中不乏具有經濟價值的漁業資源；而且在競爭頻繁的珊瑚礁生物社會中，生物間發展出來用以禦敵或通訊的化學物質，可能成為極具潛力的天然藥物資源；珊瑚建造的礁體則是被廣泛利用的礦物資源。珊瑚礁生態系的多重功能與珊瑚特殊的生理現象有關。

珊瑚是構造非常簡單的動物，卻具有十分神奇的功能。在分類上，珊瑚屬於刺胞（或腔腸）動物門（Phylum Cnidaria）的珊瑚蟲綱

（Class Anthozoa）。牠們的身體
由兩個細胞層（表皮層及內皮
層）構成，夾在中間的則是通常
不具細胞的中膠層。基本上，珊
瑚蟲體是個可伸縮的囊袋，整個
身體僅在頂端有個開口，口的周
圍環繞著一圈觸手（見圖一）；
觸手的表皮層具有許多刺細胞，

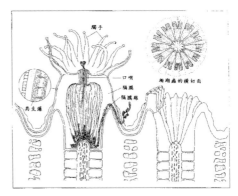

圖一：珊瑚的基本構造。

能夠發射出鉤刺狀的刺絲胞，並且經由毒液的麻醉作用，將小生物
擊昏，予以捕食。因此，從表面的構造看來，珊瑚是掠食性動物，
但是實際上，珊瑚的營養來源大部分卻仰賴共生藻。

　　共生藻屬於單細胞的渦鞭毛藻，藻體非常細小，它們分布在珊
瑚內皮層的細胞內。以整個珊瑚組織的重量來說，共生藻的量往往
比珊瑚蟲還多，因此，珊瑚群體是動物性和植物性組織的總和。珊
瑚和共生藻密切的共生關係，對珊瑚的鈣化和造礁活動，以及營養
鹽和能量循環，都有很大的影響。共生藻能把珊瑚代謝產生的廢
物，經由光合作用合成有機物質，再傳送給珊瑚利用；由於共生藻
的存在，使得珊瑚體內物質和能量的循環能以很高的效率運行。此
外，共生藻也能促進珊瑚的鈣化速率，加速珊瑚骨骼的形成；因

此，共生藻對珊瑚礁的生產力和造礁活動都有重要的貢獻。

珊瑚礁的生產力

珊瑚礁生態系擁有非常高的生產力，但卻位在貧營養鹽的海洋環境中；這種看來似乎是矛盾的現象，卻都一直引起科學家的研究興趣。根據估計，珊瑚礁植物和共生藻的生產量約為每天每平方公尺 5～20gc，而一般中營養鹽或貧營養鹽海域的初級生產量約每天每平方公尺 0.05～0.3gc。除了初級生產量特別高外，珊瑚礁生態系中能量傳遞和利用的過程，也是非常有效率的，因此，珊瑚礁才能夠維繫種類眾多、數量龐大的生物在此生存繁衍。

珊瑚礁生態系的初級生產量，主要來自：海洋中的綠色植物，包括大型海藻、海草、附生藻類、共生藻和浮游植物等。這些植物能行光合作用合成有機物質，供眾多的珊瑚礁生物利用。

珊瑚礁貧營養鹽的環境，尤其是磷酸鹽（PO_4^{3-}）的供應，可能是初級生產量的主要限制因子；但是經由營養鹽源源不斷的輸入，珊瑚礁才得以維持很高的初級生產量。因此，珊瑚礁可說是海洋環境中營養鹽的「陷阱」，外來的營養鹽一旦被輸送進入珊瑚礁生態系中，很快就會被吸收利用，而且保留在珊瑚礁生物間，很少輸出到外圍環境。這種只進不出或多進少出的物質運輸方式，使珊瑚礁

的初級生產不致受限制，而得以維持眾多生物的生存。至於氮的來源則仰賴細菌和藍綠藻的固氮作用，因此，這些固氮生物在珊瑚礁生態系中相當普遍。

珊瑚礁的初級生產量除了供給珊瑚利用外，也會被草食性動物或濾食性動物利用，珊瑚也會經由釋出黏液的方式，將物質傳輸給其他生物利用。從生產者、初級消費者到次級消費者，珊瑚礁生態系的物質和能量循環，環環緊密相連，效率很高，因而維持了高的次級生產量。高的生產量則提供豐富的資源，供人類開發利用。

珊瑚礁資源的利用

漁業資源

珊瑚礁生態系的高生產量孕育了豐富的魚類、甲殼類和貝類等各門各類的生物，其中不乏具有食用價值的種類，因此珊瑚礁往往是沿岸漁業的重要據點。

珊瑚礁的生物性資源中，最常利用的是魚類。珊瑚礁魚類的種類眾多，色彩鮮艷；有食用價值的種類又可分為底棲性和洄游性兩大類。其中洄游性的烏尾冬、烏魚、龍占、參類等，具高經濟價值；底棲性魚類如石斑、石鱸、笛鯛、秋姑魚、鸚哥魚等，也是經

常食用的種類，通常以延繩釣或一支釣法捕獲。嬌小可愛的珊瑚礁魚類例如蝶魚、棘蝶魚、雀鯛、隆頭魚、獅子魚等，則常當做水族寵物飼養，因此捕捉熱帶魚也是珊瑚礁常見的一種漁業行為。

珊瑚礁甲殼類中最具經濟價值的是龍蝦，牠們屬於夜行性動物，白天躲在洞穴中，夜晚才跑到洞口或外出覓食，因此在珊瑚礁捕捉龍蝦或其他甲殼類，大多在晚上進行。軟體動物中的腹足類和雙殼貝類也是具經濟價值的珊瑚礁生物，體型較大的螺類如夜光蠑螺，有食用價值；多數貝類則被撿拾來當做裝飾品販賣。屬於軟體動物頭足類的章魚和烏賊，是珊瑚礁的常客。牠們有食用價值，也是漁民捕捉的對象。

珊瑚類的骨骼是相當常見的裝飾品，除了與珠寶、鑽石齊名的紅珊瑚外，各類珊瑚的骨骼，包括造礁珊瑚、海扇、柳珊瑚、黑珊瑚等，都是常採集來當做裝飾品販賣的珊瑚礁生物。

藥物資源

把珊瑚當藥物來用，在我國有悠久的歷史。唐朝頒布的《唐本草》中，就記載有「珊瑚可明目、鎮心、止驚等功用」；明朝李時珍的《本草綱目》中，更詳細記載珊瑚的藥用功能：「珊瑚甘平無毒，去目中翳，消宿血。為末吹鼻、止鼻血。明目鎮心、止驚癇。

點眼，去飛絲。」此書中所記載的珊瑚，依圖示判斷可能屬於柳珊瑚的種類。近年來，大陸科學家研究發現許多珊瑚都有藥用價值，例如：黑角珊瑚（*Antipathes* sp.）的分枝可治療急性結膜炎、食道潰瘍、痢血痢等；紅扇珊瑚（*Melithaea ochracea*）的群體磨粉沖開水內服，有止痢、止嘔吐等作用。

　　軟珊瑚則是普受重視的天然藥物資源。第二次世界大戰期間，美國和日本政府都積極從事海洋毒物的調查研究，發現許多有毒海洋生物，其中有些取自軟珊瑚毒物，毒性非常劇烈，引起科學家極大的重視，促進了軟珊瑚天然藥物研究的發展。近二十年來，隨著物質分離和鑑定技術的發展，有關珊瑚天然藥物的研究大有斬獲。許多科學家分別從熱帶和亞熱帶海域普遍存在的軟珊瑚和柳珊瑚中，分離出許多能使動物產生生理變化的活性物質，包括：前列腺素（prostaglandins）、萜類（terpenes）、雙萜類（diterpenes）、固醇類（sterols）等。其中許多的萜類和雙萜類有抑制癌細胞、腫瘤細胞或發炎細胞增殖的特性，具有做為天然藥物的潛力。目前分離出來的萜類超過百種以上，雖然詳細研究過的、並且已有商業生產的萜類為數極少，但軟珊瑚的次級代謝物遠不止這些，而我們才剛剛開始揭示牠們的生理活性，還有許許多多的化學成分及生理活性，尚待我們去探索、研究和開發。

礦物資源

珊瑚礁生態系的存在，已有億萬年的歷史。在久遠的地質史上累積的龐大珊瑚礁生物量，經過物理化學作用後，轉變成石油資源；石油儲存在珊瑚礁多孔隙的石灰岩中，不斷累積擴大，終成為豐富的石油礦藏。現今許多蘊藏豐富的石油資源，諸如阿拉伯半島、墨西哥、美國德州和委內瑞拉的石油資源，都與珊瑚礁有關。

珊瑚所堆積的石灰質骨骼，提供建築工業的基本原料。根據估計，每畝珊瑚礁面積每年約可生產四百至二千噸的碳酸鈣。這些碳酸鈣的純度高，可以當做水泥、石灰等建築材料；團塊形珊瑚的骨骼則可直接做為砌牆柱的材料。毗鄰珊瑚礁沿海地區的民眾，經常使用珊瑚骨骼做為房屋的建材。珊瑚多孔隙的特徵，有冬暖夏涼的功效呢！這種「珊瑚古厝」在澎湖地區極為普遍。石灰岩經過變質之後成為大理石，更是良好的建材，還可用於雕刻、飾品等，具有多重用途。此外，珊瑚礁分布在沿岸，不但構築礁體，也捍衛陸地，對沿岸的水土保持，貢獻很多。

觀光遊憩資源

珊瑚礁多采多姿的生物和雄偉壯麗的景觀，為人類提供親近海

洋的活動空間。珊瑚礁可說是地球上生物種類最眾多、數量最豐富、色彩最艷麗的生態系，各門各類的生物，幾乎都可在珊瑚礁上找到它們的蹤跡，其中最引人注目的要算是珊瑚礁魚類、貝類、甲殼類和棘皮動物。這些生物的形態變化萬千，色彩鮮艷奪目，各種精緻巧妙的共生關係和維妙維肖的擬態行為，十分普遍；生物間在棲所、食性和活動時間的分配與特化，也很明顯。這些生物，形形色色，琳瑯滿目，都足以讓人賞心悅目。而且，珊瑚礁澄藍的海水、複雜的地形和多變化的景觀，更是吸引遊客的焦點，成為愛海者的樂園。

在珊瑚礁海域裡，我們可以浮游在碧波之上，觀賞五色魚群，享受漂浮在海水中的樂趣；可以垂釣礁岩，觀看滄海的脈動，傾聽海洋的聲音；也可以揚起風帆，在海闊天空中盡情馳騁；或者穿戴起潛水裝備，潛入海底，尋幽探祕。只要你能敞開心胸，品賞意象，反覆體察，珊瑚礁海域的優美景緻，都足以讓人滌盡塵囂、澄淨思慮，寵辱皆忘。

臺灣沿岸海域的珊瑚礁資源

臺灣位於熱帶至亞熱帶之間，周圍海域又有黑潮流經，海水溫暖、水質清澈，因此沿岸海域適合珊瑚的生長，只要有硬底質的地

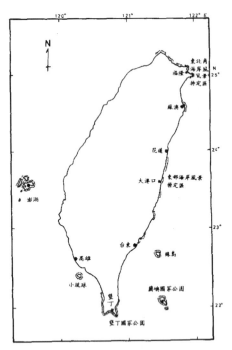

方，大多有珊瑚的分布。除了西部沿海沙質海域不適合珊瑚著生外，南、北、東部和各離島的沿岸海域，都有珊瑚分布（見圖二）。但是由於各海域環境條件的差異，珊瑚的生長情形和珊瑚礁的發育程度並不一致。

圖二：臺灣地區珊瑚礁分布圖。波紋線表示珊瑚礁；「＊」表示我國兼含海域之國家公園或風景特定區。

北部沿海從淡水河口北方起，經石門、野柳、金山、基隆、澳底到三貂角，有一大部分屬於交通部觀光局東北角海岸風景特定區的範圍。這片海域大部分為砂岩和頁岩的底質，冬季東北季風盛行期間的海蝕作用強烈，沈積物多，而且水溫在 12 月至 2 月間往往低於 18℃，限制了珊瑚的蓬勃生長，因此珊瑚生長不良，只形成群聚的型態，而無珊瑚礁的發育。較大的珊瑚群聚分布在富貴角、野柳、和平島、基隆嶼、鼻頭角、龍洞、澳底、卯澳和三貂角附近。珊瑚長在海蝕脊、海蝕平臺、峽溝及峭壁上，覆蓋率約達 30%，珊瑚種類約有四十屬

一百二十種，以葉片形和團塊形的珊瑚最多，分枝形的珊瑚次之，軟珊瑚很少出現在此海域。

東部沿海從宜蘭縣至臺東縣沿岸，大多為陡峭的岩石底質。由於黑潮的影響，沿岸海水大多溫暖清澈；但是由於海流較強和冬季東北季風的影響，珊瑚的生長在不同地區之間，也有相當大的差異。珊瑚生長較好的地區在蘇澳、龜庵、石梯坪、三仙臺附近沿海，部分地區有珊瑚礁的形成，珊瑚類以團塊形的菊珊瑚和微孔珊瑚為主，分枝形的珊瑚次之。

南部恆春半島沿海是臺灣本島珊瑚類生長最佳的地區，沿岸雄偉壯觀的隆起珊瑚礁和海底現生的珊瑚礁，互相連續也相互輝映，構成美麗的景觀，也是墾丁國家公園重要的景觀資源。本海域的珊瑚礁為發達的裙礁，珊瑚種類眾多，約有六十二屬二百五十種以上。各形各類的珊瑚都可在此海域發現，色彩繽紛的珊瑚礁魚類有一千種以上，還有種類和數量都非常眾多的藻類及海綿、海葵、貝類、甲殼類、棘皮動物等海洋無脊椎動物，生物資源極為豐富。其中南灣海域富饒的軟珊瑚資源，經近年來的研究發現，含有許多極具潛力的天然藥物，值得進一步的研究和開發。

澎湖群島由大小不等的六十四個島嶼構成，涵蓋廣闊的水域，沿岸的底質主要為玄武岩，而且水淺、坡度平緩，因此海面下珊瑚

的生長相當繁盛。尤其在目斗嶼、吉貝嶼、姑婆嶼等北部海域，珊瑚覆蓋廣大的面積，珊瑚骨骼常堆積生長，分布在沿岸或形成珊瑚脊，綿延分布，構成美麗的景觀。澎湖海域的珊瑚種類，已記錄的石珊瑚約有五十屬一百五十種，軟珊瑚偶爾可發現，但種類和數量較少。廣大的珊瑚礁海域，除了提供海域遊憩活動的資源外，也是重要的漁場，漁獲則是澎湖地區居民的主要收入。

　　小琉球嶼位於屏東縣東港鎮西南約十公里的海面上，為珊瑚礁構成的島嶼，沿岸則為隆起的珊瑚礁圍繞著，海面下的現生珊瑚礁相當發達。尤其在島西面的珊瑚群聚最發達，水深三十公尺以內的水域，大多有珊瑚的生長，並以水深五至十五公尺間生長最佳，目前已記錄的石珊瑚約有五十屬一百八十種；軟珊瑚的種類和數量也相當多。小琉球嶼的珊瑚礁除了是重要的觀光資源外，也是許多經濟性魚類和甲殼類等的孵育場所，對維護高屏地區沿岸的漁業資源十分重要。

　　綠島和蘭嶼位於臺灣本島的東南方，兩者都是火山島，也都位於黑潮流域，沿岸的水質清澈、水溫適宜，珊瑚的生長極佳。沿岸也都有發達的珊瑚礁分布，造礁珊瑚的種類和生物量都很豐富，約有六十屬二百五十種以上；軟珊瑚的種類也相當多，以繖形軟珊瑚和羽軟珊瑚為主。沿岸的珊瑚礁生態系是本地區重要的觀光資源，

綠島屬於交通部觀光局東部海岸風景特定區管轄，蘭嶼則即將成立國家公園。

珊瑚礁在我國南海的分布更是廣泛，東沙群島和南沙群島都是由環礁群構成的島嶼，周圍海域都是珊瑚礁，由於位在低緯度的熱帶地區，而且人跡罕至，因此珊瑚生長茂盛，種類應在三百種以上。

綜合而言，我國海域擁有相當豐富的珊瑚資源，除了有觀光遊憩價值外，也維繫著沿岸或近海漁業的發展，許多珊瑚礁生物，還可能含有豐富的化學物質，可做為治療絕症的天然藥物。但是由於歷年來的研究甚少，因此，到目前為止，我們僅對恆春半島的珊瑚資源有較完整的了解。不論為了保育或開發珊瑚資源，都需要更多的人力投入相關的研究。

珊瑚礁資源的保育

珊瑚礁常被認為是敏感而脆弱的生態系，主要的原因為：一、珊瑚類對環境條件的要求很嚴格，適合其生存的環境條件很狹窄，環境稍有變動就會對牠產生影響；二、珊瑚礁生物間相互依存的共生關係或食物網，非常細緻而敏感，易受污染物的加入而改變，污染物只要破壞其中的一環就可能會牽一髮而動全身；三、污染物質

的作用，往往隨溫度的升高而增加，珊瑚礁溫暖的海水可能會加強污染物的效應。珊瑚礁資源雖然具有生物性的持續再生能力，但是由於珊瑚對環境的變化敏感，而且遭破壞後的復原速率緩慢，因此十分需要大家愛惜保護，才能保存這些珍貴的自然資產，供後世子孫永續利用。

近年來，由於海域活動日益普及，包括：水肺潛水、浮潛、海釣、水上摩托車等，都可能對珊瑚礁生態帶來威脅，濫採珊瑚、毒魚、炸魚等行為，除了破壞珊瑚礁生物資源，也危及整個生態系的平衡；沿岸地區的開發和遊客的增加，則帶來有機質和沈積物的污染，使珊瑚礁面臨前所未有的污染衝擊。

為了保護珊瑚礁資源的永續存在，最廣被採用的方法是設立保護區。經由設立海域保護區和立法管制，防止人為污染和破壞行為，也禁止商業性開採或漁撈行為的介入；另一方面，保護區則可提供學術研究和教育使用，或者有限度開放供育樂遊憩活動，達到永續利用的目的。

珊瑚礁生態保護區的設立，應考慮下列原則：

一、珊瑚生長密度高、種歧異度大或珊瑚生長繁盛的地區，應列為生態保護區，禁止一切人為活動的干擾。

二、與此生態保護區鄰近且關係密切的地區，應列為一般管制

區，做為緩衝地帶，有限度開放給研究或教育使用。

　　三、對於特殊的棲地或重要的生態系，應劃為特別景觀區，適度管制人為活動的干擾。

　　此外，為了發揮珊瑚礁資源的有效利用，在交通便捷地區可設立海域遊憩區，適當鼓勵珊瑚礁海域的遊憩活動。但是為了避免對珊瑚礁區的生態造成過度衝擊，對於遊憩活動的地點、路線、活動季節和方式，都宜有明確的管理辦法，考量珊瑚礁生態系的特性，做適度有效的利用。

　　目前，我國沿岸珊瑚生長繁盛的海域都設立有國家公園或國家級的風景特定區，包括：墾丁國家公園、蘭嶼國家公園、東北角海岸風景特定區、東部海岸風景特定區和澎湖風景特定區。這些特定區都位於珊瑚礁資源豐富的海域，其目的在促進珊瑚礁資源的利用和保育。但是除了各管理處當局的海域活動和管理措施外，更重要的是民眾的守法和珍惜資源。如果大家都能懷著欣賞的態度，保護珊瑚礁資源，不濫採珊瑚、不製造污染，那麼我們就能擁有潔淨的海水和生生不息的珊瑚礁，這片環繞著臺灣沿海的珍貴自然資產，也才能流傳千秋萬世，讓後代子孫永生永世地擁有、共享。

（1993 年 9 月號）

參考資料

1. 戴昌鳳，〈海洋公園〉，《科學月刊》20 卷 8 期 589～593 頁。
2. 范光龍，〈海洋熱污染——兼談南灣珊瑚的白化〉，《科學月刊》20 卷 8 期 594～598 頁。

海葵在珊瑚礁的大發生

◎─樊同雲、黃意筑、蔡宛栩

樊同雲：任職於海洋生物博物館

黃意筑：畢業於屏東科技大學水產養殖系

蔡宛栩：任職於臺灣大學海洋研究所

海葵取代珊瑚成為優勢，是珊瑚礁群聚變遷最引人注目的現象之一，本文論述此現象並探討其形成的原因與維持機制、在群聚演替過程中的角色和對生物多樣性的影響等。

隨著社會的快速發展與全球環境的變遷，許多原本擁有豐富美麗海洋生物的珊瑚礁，正承受著各種自然與人為因素，例如颱風、全球暖化、棘冠海星大發生、沉積物、優養化和過漁等的影響而逐漸改變其面貌。世界各地，包括太平洋和大西洋的許多珊瑚礁區普遍發生的衰敗現象，便是原來以珊瑚為優勢而轉變為以大型海藻為優勢的群聚結構；此轉變在許多地區已持續數十年，造成珊瑚礁底棲群聚結構的根本改變，並直接影響珊瑚礁對人類的資源價值。此外，值得密切注意的現象則是海葵的蔓延生長，不同種類的海葵已

經在一些珊瑚礁區大量出現，形成穩定的群聚，並且對珊瑚礁的生物多樣性造成衝擊。

海葵與珊瑚

海葵與珊瑚的親緣關係相當接近，同屬於刺絲胞動物門的珊瑚蟲綱。這兩類動物在外形上非常相似，都具有柱狀身體與觸手環繞其口部，而主要差別則在於珊瑚具有成分為碳酸鈣的骨骼或骨針，而海葵則無。海葵（圖一）又依形態特徵的不同而分為海葵（Actiniaria）、角海葵（Ceriantharia）、擬珊瑚海葵（Coralliomorpharia）和菟葵（Zoanthidae）。多數人對海葵的印象主要是潮間帶附著生長在礁石上的海葵，這些海葵在一些地區形成密集的族群，並且主要藉著快速的無性分裂生殖而維持族群數量，而由於是經由無性分裂繁殖，一些雌雄異體種類在某地區的個體皆為相同性別，如皆為雌性或雄性。其他較為人熟知的海葵則是在珊瑚礁海域與小丑魚共生的大海葵（圖二）。雖然海葵過去即在一些地區形成大量密集的族群，然而，在夏威夷、紅海、馬來西亞、馬爾地夫和臺灣的部分珊瑚礁區原本是以珊瑚為主，後來卻轉變為以海葵為優勢的群聚結構，這現象值得追蹤注意。以下便就各地區的現象分別描述。

(A)

(B)

(C)

圖一：(A)角海葵；(B)擬珊瑚海葵；(C)菟葵。

海葵大發生的案例

　　夏威夷歐胡島 Kaneohe 灣的珊瑚礁，從 1950 年代開始，由於鄰近地區都市開發，造成有機廢水和陸源性沉積物污染等環境壓力，使得淺海裙礁區的石珊瑚在大約十五年的時間內，即被菟葵

圖二：與小丑魚共生的大海葵。

Zoanthus pacificus 取代；此外則是菟葵 *Palythoa vestitus* 密集出現在礁平臺區，密度高達每平方公尺一萬二千隻珊瑚蟲。菟葵的大發生是此海域生物相變遷最引人注目的現象之一。

在紅海北部以色列 Eilat 沿海的珊瑚礁，其礁平臺區原本以珊瑚

為主要的底棲生物，但是 1970 年發生大退潮造成珊瑚大量死亡，此後，擬珊瑚海葵 *Rhodactis rhodostoma* 快速獨占新出現的基質，覆蓋率最高達 69%。此海葵能夠快速進行無性縱裂生殖而形成廣大聚集，同時還具有較強的競爭能力，會攻擊周邊的珊瑚並覆蓋在死去的珊瑚骨骼上生長。此外，*R. rhodostoma* 也在埃及沿海受地形屏障的礁平臺區成為優勢種，其覆蓋面積可達一百平方公尺以上，並且形成如地毯般連續分布的景象。

馬來西亞 Pulau Renggis 和 Pulau Tulai 兩島的珊瑚礁，其斜坡區分別於 1978 和 1984 年出現棘冠海星大發生，造成軸孔珊瑚等被攝食而大量死亡；之後便有擬珊瑚海葵 *Discosoma howesii* 和 *Discosoma dawydoffi* 占據死亡分枝形和團塊形珊瑚的骨骼，並形成連續且密集分布的族群，但此現象 1981 年之前未見報導，而 1989 年調查時海葵的覆蓋率已達 30～90%。這些擬珊瑚海葵經由無性分裂快速生長和生殖，迅速占據新基質，同時也具有優勢的競爭能力，能利用身體邊緣的觸手和隔膜絲攻擊鄰近的珊瑚，而不斷擴張族群。

擬珊瑚海葵在馬爾地夫 Ranali Kuda Giri 礁區也造成珊瑚死亡，並快速覆蓋生長，占據廣大面積，且與珊瑚接觸的部位，珊瑚組織發生白化、潰爛、死亡，顯示其競爭能力優於珊瑚。

臺灣海葵大發生的案例

　　臺灣南部墾丁國家公園的跳石海域原先以石珊瑚為主，其中分枝形的軸孔珊瑚在此形成一些長度可達數十公尺的大型群體，並呈現區塊分布。過去數十年來，此海域陸續受水質優養化、松藻 *Codium* sp.大量繁生、泥沙沉積物污染使海水混濁和颱風侵襲等影響而造成珊瑚受損呈現衰敗。在 1994 年，此海域連續受數個颱風侵襲而嚴重受損，分枝形軸孔珊瑚的骨骼殘骸堆積如山，其後單體型的南灣結節海葵 *Condylactis nanwannensis* 大發生而占據軸孔珊瑚骨骼殘骸（圖三）；2002 年時，海葵已完全占據許多軸孔珊瑚骨骼殘骸，其連續密集生長的最大群集可達一百五十平方公尺。值得注意的一點是，南灣結節海葵的形態特徵與大西洋的巨大結節海葵 *Condylactis gigantea* 最相似，而其為水族寵物，國內一些水族館皆有引進販售，此二種結節海葵的親緣關係尚待進一步驗證。

　　海葵大發生的現象也出現在臺灣南部核能三廠的入水口海域，此海域過去因受海堤屏障以及核電廠管理的限制，而免於各種自然和人為的破壞，珊瑚群聚因而穩定且繁盛地發展，形成分枝形軸孔珊瑚的大型群集和孕育豐富的海水魚（圖四）。大約在 1990 年代，此海域可能受南灣海域環境品質衰退，如海水逐漸混濁影響，華美

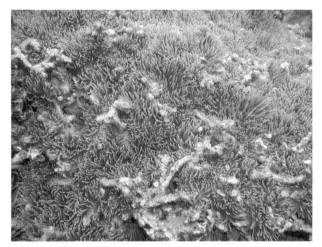

圖三：結節海葵是跳石的優勢種。

圖四：棲息於軸孔珊瑚分枝間的海水魚。

中海葵 *Mesactinia ganesis* 大量形成，由軸孔珊瑚群體基部逐漸向上覆蓋生長（圖五），在部分地區密集分布而取代珊瑚，目前在數量上與珊瑚相抗衡。此海域另外尚有蓬錐四色海葵 *Entacmaea quadricolor*（圖六 A）和大結海葵 *Megalactis* sp.（圖六 B）的數量也相當豐富，並與珊瑚競爭生長空間。

海葵取代珊瑚的可能原因與機制

依據目前所累積的資料，造成海葵取代珊瑚成為優勢的可能原因與機制如下：（一）干擾，如紅海的大退潮、馬來西亞的棘冠海星大發生、臺灣跳石海域受颱風肆虐等，造成珊瑚傷亡慘重；（二）水質因受優養化和沉積物污染而惡化，造成環境不適合珊瑚生長但卻促進海葵繁盛，如夏威夷Kaneohe灣和臺灣南部核能三廠的入水口海域；（三）海葵憑藉其快速增殖與較強的競爭能力，趁著珊瑚受損嚴重或環境較適合海葵繁衍的機會，迅速擴張，占領新出現的基質。至於大量形成的海葵能否繼續不斷地向其它地區擴張，則隨著地點的不同而有所變化，例如在紅海，擬珊瑚海葵的覆蓋區域似乎呈現繼續擴大的趨勢，但在臺灣南部的南灣結節海葵和華美中海葵，則似乎分別侷限分布於跳石和核能三廠入水口海域，不過其未來發展仍有待更進一步的追蹤調查。

圖五：華美中海葵覆蓋生長在軸孔珊瑚分枝上。

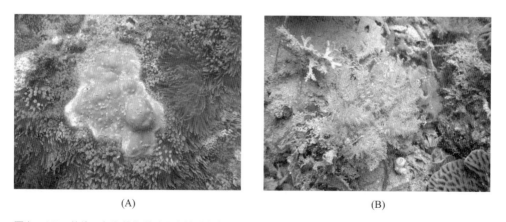

(A)   (B)

圖六：(A)：蓬錐四色海葵與微孔珊瑚競爭生存空間；(B)大結海葵。

在海葵的無性生殖能力方面，這些大發生的海葵都以無性縱裂生殖為主，由口盤或足盤開始，然後沿著身體至另一端撕開而分為兩個約等大的新個體，並且無性生殖作用旺盛，每個月調查個體的分裂率介於 6～16%，也就是每一百隻海葵便有六至十六隻正在進行分裂，而其分裂完成所需時間，以華美中海葵為例，短則二至三天，長則十天以上，同時所產生的子代體型較大、存活率高，因此能在短期內快速擴張族群數量。

　　海葵較強的競爭能力也是促使其成為優勢種的重要原因。當海葵與珊瑚接觸後，其口盤邊緣的觸手可能特化形成膨大球狀結構，其組織的表皮層增厚，並具有較多的刺絲胞用於攻擊對手，同時會移動位置攻擊珊瑚，在珊瑚死後覆蓋生長在其骨骼上並繼續擴張。不過，海葵的競爭能力排名只達到中等，通常只對珊瑚蟲較小而競爭能力較弱的分枝形或團塊形珊瑚種類，如軸孔珊瑚、鹿角珊瑚、微孔珊瑚和表孔珊瑚等具有競爭優勢，當遭遇到的珊瑚種類是競爭能力強的棘杯珊瑚和腎形或束形針葉珊瑚時，則二者呈現對峙局面或珊瑚贏過海葵。因此，海葵通常只能夠密集生長在軸孔珊瑚的群體上。

海葵大發生對珊瑚礁的影響

海葵大量繁生取代珊瑚對珊瑚礁產生的影響，包括造礁速率減緩、生物多樣性降低、抑制珊瑚的加入量而阻礙復原等。由於軸孔珊瑚生長速率快，一年可長十至二十公分，因此在造礁功能方面扮演重要角色，一旦被不會堆積碳酸鈣骨骼的海葵取代，將幾乎完全失去造礁作用。此外，珊瑚的骨骼分枝之間原本有許多與珊瑚共生的生物，是各種甲殼類、螺貝類、棘皮動物和魚類棲息與躲避掠食者的生活空間，海葵的密集生長不但使這些共生生物無容身之處，具攻擊作用的刺絲胞更使牠們不敢接近，造成珊瑚礁供應多樣豐富棲息空間的功能減弱，連帶使被海葵覆蓋區的生物多樣性降低。而海葵如同地毯般地密集分布，也使得珊瑚的幼苗沒有可附著生長的空間，海葵較強的競爭能力，則造成珊瑚無性斷裂生殖而來的分枝片段難以存活。在珊瑚無性與有性生殖加入量都缺乏的情況下，被海葵覆蓋生長的珊瑚礁難以恢復成原來面貌，並造成生態、漁業、觀光與經濟的重大損失。

另一類珊瑚礁群聚型態

另外值得深入探究的問題還包括，除了珊瑚和海藻之外，以海

葵為優勢是另一類穩定的珊瑚礁群聚型態？抑或只是珊瑚礁群聚演替中的一段過程，而日後終將發展成為以珊瑚為主的群聚型態？由於以藻類為主取代以珊瑚為主的群聚相變現象，普遍發生在世界各主要珊瑚礁區，並且已持續存在三、四十年之久，因此以藻類為優勢已被許多學者認為是珊瑚礁另一類穩定的群聚型態。然而，由於目前發生海葵取代珊瑚而成為優勢的地區並不多，且相關研究資料較少，因此仍然需要更廣泛與長期的調查研究才能釐清。

水族箱中的海葵大發生

相對於野外天然珊瑚礁陸續受到海葵大量生長的影響直到近數十年來才受到人們注意，長久以來，海葵繁生就一直是海水水族箱中最容易發生而令許多水族愛好者困擾的問題之一。水族箱中最常大量出現的是拂塵海葵 Aiptasia sp.（圖七），可藉由足盤的裂片生殖而迅速大量繁殖，因此，若是不小心經由新生物或新基質的加入而引進此海葵，隨後便可能出現海葵大發生，盤據水箱中的大部分空間並攻擊其他底棲固著性的動物，造成其傷亡、破壞生態平衡、污染水質而降低水族箱的觀賞價值。海葵大發生也顯示水箱中生態的不平衡，缺少控制海葵的天敵，而一般在引進以海葵為食的蝶魚，如揚帆蝶魚後，即可有效控制其數量不再增加，甚至使其絕跡。

圖七：在水族箱中大發生的海葵。

水族箱中海葵大發生的出現與控制，可以表示出生物的引進、生態平衡與環境管理的重要性，雖然目前人們對於如何控制維護水族箱中的生態平衡已有許多方法並且成效良好，但是對於野外天然珊瑚礁海葵大發生現象的了解仍很有限，相關的改善與解決方法還有待建立。

展望未來

　　臺灣珊瑚礁出現海葵大發生現象的跳石和核能三廠入水口海域，都位於墾丁國家公園海域內，而此海域的萬里桐、核能三廠出水口、核能三廠入水口、跳石和香蕉灣等地點的珊瑚礁，從 2001 年開始，陸續在國家科學委員會、內政部營建署墾丁國家公園管理處和臺灣電力公司的支助下，成為國內第一個海洋長期生態監測研究的地區（http://lter.npust.edu.tw），而海葵的生態研究即為重點之一，經由監測海葵和珊瑚族群的變動發展，以及從生殖、競爭與天敵的觀點來探究海葵大發生形成的原因與維持機制，將有助於闡明此珊瑚礁群聚變遷的現象，進而謀求控制與解決的方法，以維繫臺灣珍貴美麗的珊瑚礁資源進而達到永續利用。（本文圖片皆由作者提供）

（誌謝：感謝劉弼仁、楊政偉、陳瑞谷、林柏成和謝文豪等同學在研究上的協助。）

（2003 年 11 月號）

參考資料

1. 樊同雲、戴昌鳳（1992），〈石珊瑚的生殖〉，《生物科學》，35 期，p.21-31。
2. 樊同雲、戴昌鳳（1995），〈珊瑚與其他海洋無脊椎動物的交互作用〉，《生物科學》，38 期，p.91-99。
3. Chadwick-Furman, N. E. and M. Spiegel.（2000），"Abundance and clonal replication in the tropical corallimorpharian Rhodactis rhodostoma". Invertebrate Biology 119 (4), p. 351-360
4. Cooke, W. J.（1976），"Reproduction, growth, and some tolerances of Zoanthus pacificus and Palythoa vestitus in Kaneohe Bay, Hawaii". In: Mackie, G. O.（ed.）Coelenterate ecology and behavior, Plenum Press, New York & London, p.281-288
5. Done, T. J.（1992），"Phase shifts in coral reef communities and their ecological significance". Hydrobiologia 247, p.121-132

珊瑚礁魚類的空間分配

◎—張崑雄、詹榮桂

張崑雄：曾任職中央研究院動物研究所

詹榮桂：任職於中央研究院生物多樣性研究中心

眾所周知，珊瑚礁的生物相是世界上最複雜、最美麗的景觀之一。臺灣在地理位置上既屬於亞熱帶，又屬於熱帶，四周除了西部為沙岸外，在其他區域則到處可以見到這種五顏六色的珊瑚礁區。因為這些珊瑚礁終日浸沒在海水裡，所以昔日雖為人所嚮往，但卻遠不可及。1972 年，以水肺潛水（SCUBA）從事海洋生物研究的方式引入本省，從此，珊瑚礁的神秘外衣逐漸揭開，我們也因此對光怪陸離

圖一：水底攝影是從事潛水調查時的一項重要工具。1981年 1 月 25 日攝於南沙太平島，水深十三公尺。

的魚類生態有了一番了解（見圖一）。

珊瑚礁區魚種眾多

　　生存於珊瑚礁區的魚種相當繁多，從事潛水調查時，常常會遇到游魚四出，令人目不暇給的情況。就筆者等於 1981 年 1 月裡赴南沙太平島所做調查的結果，在太平島南方面積約八百平方公尺的海域內，即記錄了三十三科一百七十三種魚類。當然這個數目也只可說是一個約數，因為調查工作是在白天進行的，而這時海裡面的一些隱藏性的魚類如鳚科（Blenniidae）、蝦虎科（Gobiidae）的魚類都躲在礁隙或岩洞之中。在所舉的這個例子之中，可以看出珊瑚礁區內的魚類群社中的魚種相當複雜。據估計，本省沿岸珊瑚礁魚類之種類達一千至一千五百種之多，約佔太平洋珊瑚礁魚類的二分之一左右。

空間影響族群的大小

　　許多初次潛水的人們常會被穿梭於珊瑚礁間色澤繽紛的魚類誘得昏頭轉向，往往也因此忽略了這些魚類的生態環境。事實上，在這芸芸眾生之中，有的魚種的個體多得可以聚集成群，有的魚種卻獨居終日。有些魚隱藏在靠近礁壁的地方，也有些散居在珊瑚礁多

穴的礁體中。在這樣的一個魚類社會裡，我們經常會面對一些問題，比如說：這些魚種如何能夠適切地在這有限的空間內生存呢？那些因子使得這些個別魚種的生物量（biomass）受到限制呢？根據最近出版的一些刊物以及學者所發表的論文，我們發現像珊瑚礁這樣一個魚種豐富的區域，空間和食物實在是限制魚類族群的兩個主要因子，所以把空間因子放在前面，是因為空間不但提供了魚類的隱蔽處，甚至也是魚類對抗掠食者的主要場所。在珊瑚礁區的魚類群社（community），由於各魚種的行為、活動類型、棲所的選擇等各不相同，因此也就可能減少發生持續性種間競爭的現象。事實上，在這個群社裡，能夠共同生存在一起的魚類個體數。是由牠們分配空間的程度而定。由於魚類選擇棲所的策略經過長期的演化，牠們之間種內或種間的關係有時會產生一些特化的現象，或是降低相互間競爭的情況；也有一些魚類會變得更「個人主義」些，因此彼此之間會經常爭雄不已。

魚類各有所居

通常這樣一個魚類之間空間分配的問題，可以簡化成兩個了解的方向，第一個是：不同的魚種之間如何共同利用同一個空間，並且共存下去呢？第二個方向是：就同一種魚來說，不同年齡群的個

體如何防止在空間上發生競爭呢？為了回答這些問題，首先我們可以對珊瑚礁魚類，依其在空間的分布狀況分成七個類別，而加以了解。

第一類為那些在珊瑚叢以及珊瑚礁上方或周圍游動的魚類，如果海水夠深的話，牠們游動的地方距這些珊瑚礁較遠，垂直距離超過三公尺以上。如烏尾冬科（Caesionidae）、鰺科（Carangidae）。

第二類魚類也在珊瑚叢以及珊瑚礁上方或周圍游動，但是活動的位置距離這些珊瑚礁較近，一般垂直距離不超過三公尺。如粗皮鯛科（Acanthuridae），蝶魚科（Chaetodontidae），棘蝶魚科（Pomacanthidae），雀鯛科（Pomacentridae），隆頭魚科（Labridae）中的 Gomphosus、Halichoeres、Thalassoma 屬，此外，鸚哥魚科（Scaridae）也多屬此類。

第三類魚類在白天都躲到凹入的珊瑚礁崖下陰影中，如金鱗魚科（Holocentridae）中的 Myripristis 及 Adioryx 兩屬、天竺鯛科（Apogonidae）、擬金眼鯛科（Pempheridae）。

第四類魚類生存於珊瑚礁上的洞穴裡。如准雀鯛科（Pseudochromidae）、鱸科（Serranidae，見圖二）、鯙科（Muraenidae）、鮋科（Scorpaenidae）。

第五類魚類游泳的能力相當弱，平時都停留在海底底質之上。

圖二：玳瑁石斑（Epinephelus megachir）藏身在珊瑚礁縫裏。1980 年 5 月 4 日攝於野柳，水深五公尺。

圖三：眼斑雙鋸刺蓋魚（Amphiprionocellaris），俗稱小丑魚，與海葵共生在一起。1981 年 1 月 23 日攝於太平島，水深十二公尺。

如合齒科（Synodonti-dae）、蝦虎科。

第六類魚類生活於珊瑚叢的分枝上，如有些雀鯛科中的 Dascyllus 屬、螢光光鰓雀鯛（Chromiscaer-uleus）。

第七類魚類是那些和無脊椎動物形成共生現象（symbiosis）的，如雀鯛科中的雙鋸刺蓋魚屬（Amphiprion，俗稱小丑魚），會和海葵形成共生現象（見圖三）。

由以上魚類在空間分布上的差異以及隱蔽場所的類型變化，可以推測環境因子，如水的深度、光照強度、海浪的大小……等等，對魚的影響很大。像這種魚類間的

空間分配是演化上適應的結果，根據實際潛水觀察也可以發現：通
常一個空間之內有愈多可供隱蔽的場所，生存其內的魚種也就愈多
些，當然這是指在一個穩定的環境而言。

選擇棲所的兩種傾向——特化或普通化

　　有些魚類的一生都是在同一棲所中度過，也有些魚類會隨著發
育時期的不同而改變棲所。這個現象可以用雀鯛科中光鰓雀鯛
（Dascyllus 屬）的魚類來說明。本屬的魚在本省海域目前較常見的
有三種，亦即琉球光鰓雀鯛（*D.aruanus*，見圖四）、三點光鰓雀鯛
（*D. trimaculatus*），以及網紋光鰓雀鯛（*D. recticulatus*），其中後兩

種分布較廣，琉球光鰓雀鯛
則多見於南部海域，南沙太
平島的數量則非常多。這三
種光鰓雀鯛都有像浮游生物
一樣的幼魚期。其中琉球光
鰓雀鯛的幼魚長到身體全長
為 7～9 毫米時，開始定居在
一些珊瑚叢中，這些 Stylo-
phora 或 Acropora 屬的珊瑚會

圖四：琉球光鰓雀鯛生活在珊瑚叢內。1981 年 1 月 23 日
攝於太平島，水深十五公尺。

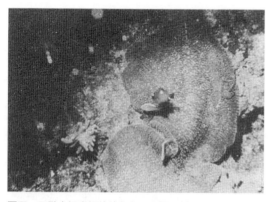

圖五：三點光鰓雀鯛的幼魚和白背雙鋸刺蓋魚（Amphiprion sandracinos）共同生活在海葵的觸手上。1981年1月25日攝於太平島，水深十公尺。

形成多枝的群體，在外形上看起來好像一個多出來的平頭狀物，所以也稱為珊瑚頭。這種雀鯛一生就在這些珊瑚叢中生長，並且繁殖後代。網紋光鰓雀鯛在這方面的習性，和琉球光鰓雀鯛相類似。而三點光鰓雀鯛在幼魚期也定居在這些珊瑚叢裡，只是選擇棲所的方式並未像琉球光鰓雀鯛那樣特化。三點光鰓雀鯛的幼魚有時會在魔鬼海膽（*Diadema setosum*）的硬棘之間生長，也有時候會在海葵的觸手間生長（見圖五）。當三點光鰓雀鯛的幼魚長到全長約為 30～40 毫米時，離開牠們的共生體如海膽、海葵等，而每十幾二十隻聚集在一起，生活於珊瑚叢之間；當長到 50～70 毫米時，年輕的三點光鰓雀鯛則聚集成群，在珊瑚礁間巡游或繞著礁壁游來游去。這種改變棲所位置的情形是隨著發育而來的，長大後這些三點光鰓雀鯛可能和螢光光鰓雀鯛、金花鱸（*Anthias squamipinnis*）等組成一個社會。這些魚都只把珊瑚叢當做避難所，平時各魚之間和諧地掠食周圍的浮游生物，遇到危險時則一起

倉皇地逃到珊瑚叢裡。這是一個許多魚種共同利用一個棲所的例子，也表現了魚種間的一種社會行為。

此外，六線雀鯛（*Abudefduf vaigiensis*，見圖六）也提供了一個隨著發育而改變棲所的例子，這種雀鯛在其黃綠色的背部橫貫了六條

圖六：成群的六線雀鯛在珊瑚礁區巡游。1980 年 6 月 8 日攝於綠島呂芒，水深二公尺。

藍色的帶子，在本省北部海域裡相當常見。當這種魚長到 10～30 毫米時，經常生活於淺的亞潮帶或潮間帶的珊瑚礁穴之中，在遮蔽物的暗影下獨居過日，其間偶而也和其他魚種的幼魚雜處成群。當牠長到 40～50 毫米時，會愈聚愈多，在行為表現上就好像三點光鰓雀鯛一樣。當其生長到 100～110 毫米時，會聚到 100～200 隻，游到礁區之外，成群遨遊。這時期，只有在夜間避難時才會躲到珊瑚礁內。

由以上的例子可以知道：即使是關係很相近的魚種，也演化了兩種不同的空間分配類型。其中一種如琉球光鰓雀鯛，在一生之中只利用了一種特定的空間，可以稱為棲所的特化者，為了維護牠們

的生存空間，避免其他魚種進入牠們所佔有的棲所，牠們必須具有強烈的領域行為，因此無論是在種內或種間，琉球光鰓雀鯛是一個十足的「保家主義者」。

另外一種如三點光鰓雀鯛或六線雀鯛所表現的，牠們隨著魚體的成長，所擁有的行為和社會性隨之改變，因此對於空間的利用情形也就更形複雜。這類魚種在一生中可以利用幾種不同的棲所，同種魚裡不同年齡的個體間的競爭也因而降低，所以生存的機會也就相對增加。這種魚，我們可以稱之為棲所的普通化者。

第一類棲所特化者對環境較為熟悉，覓食也就較為容易，牠們經常好像成立小家庭一樣成雙成對地生活。不過在珊瑚礁這樣一個資源豐富的地區，這種利益顯得較不足道，重要的是像琉球光鰓雀鯛自踏上珊瑚叢的第一天起，就得面臨無情的競爭，這使得這種雀鯛的個體數量受到很大的限制，並且牠們之間的領域防衛行為也多消耗很多的能量，這些是棲所特化者的通病。至於第二種棲所普通化者的結局則與此大相逕庭了，牠們大的有大的棲所，小的有小的棲所，使得不同年齡的魚能夠分散開來，種內的競爭因此減少很多，所以牠們能夠生存，並且發展成很大的魚群。我們在本省四周海域實地潛水觀察時，可以發現只在有珊瑚叢的地方才偶而可以看到琉球光鰓雀鯛，而在同一地區卻經常可看到三點光鰓雀鯛或六線

雀鯛在成群遊蕩。如果我們要投放人工魚礁，也得將這種魚類利用空間及棲所的生態行為納入考慮。前面所提的棲所的特化者在面臨變動較大的環境時，還得度過很危險的階段。因為牠們和其他生物間存有的共生關係，是演化上的一個陷阱，萬一牠們棲所的質和量發生變化，立刻會對牠們的族群發生不良影響。如果海域內的 Stylophora 珊瑚的群體因受污染而死時，琉球光鰓雀鯛就得因為缺乏棲所而告消聲匿跡了。

活動場所因日夜而異

在海洋環境內，時間與棲所的利用之間有很大的關係。特別有趣的是一些魚類在日間或夜間會佔有不同的空間或棲所，這稱為棲所的日夜性變換（day-night changeover），最簡單的是發生於擬金眼鯛（*Pempheris oualensis*）身上的例子。白天的時候，擬金眼鯛成群躲在珊瑚礁下方的礁穴或罅隙之中（見圖七），到了晚上，

圖七：成群的擬金眼鯛在白天躲在洞穴裏。1980 年 5 月 1 日攝於後壁湖，水深十二公尺。

這些魚成群地往外游出，到了棲所外頭，就開始分散覓食，牠們攝食的是一些大型的浮游生物。有些擬金眼鯛白天居住的地方也住有金鱗魚或天竺鯛，牠們同屬夜行性的魚類。但是到了晚上，這些夜行性的魚類的棲所就被金花鱸、光鰓雀鯛、蝶魚、隆頭魚等佔用了。一般佔用的次序是隆頭魚在太陽剛下山時就躲進去，然後是蝶魚，然後是粗皮鯛，然後是鸚哥魚，雀鯛則在較晚的時候進入。當天快亮時，夜行性的魚類開始返巢，這時巢內和巢外的魚類之間會發生一些競爭行為，日行性的魚類逐而被擠出巢外，夜行性的魚類則重新佔有牠們的棲所。所以當太陽快要東昇的那一刻，棲所中充滿了日、夜行性魚類的族群。而在傍晚太陽下山時，牠們的活動情形則剛好逆轉過來，這真是魚類生態上的一個有趣場合。

投放人工魚礁──人類提供空間增加魚獲的例子

以上所談魚類對空間和棲所的使用方式，也可應用到海洋牧場的經營方面。一般來說，如果一個海域裡棲息在礁岩中的魚類統統被清除掉，很快地這個區域內的魚類又會恢復過來。因為在一個穩定的環境中，生物對空間的需要會慢慢地產生，於是只要提供新的空間來滿足這個需要，很容易便能提高這個環境中的生物量。投置人工魚礁是增加魚類生活空間的一個有效方法。根據筆者等調查研

究的結果，投放在天然礁區外空曠砂地上的人工魚礁，效果特別好。主要原因是這些區域內可供做為棲所的場所太少了，對於魚類而言，尋求空間與棲所的需要也就特別強烈，因此當這新的生態因子加到這種海域時，會劇烈地增加環境的複雜程度，此區域內魚類相的歧異性也就隨之提高了。不過在設置人工魚礁時，還需要考慮設計各種不同樣式的礁體，以滿足不同年齡個體的需要。因為當一般幼魚面對成魚佔滿了棲所時，生存的機會會減低很多。因此，當務之急是設計出一種既堅固而又能提供各型魚類棲所的礁體，以避免幼魚和成魚之間為棲所而發生競爭；這點也是需要對各型人工魚礁加以評估的一個原因。

根據實地觀察，當礁體投放入海中之後，先會吸引一些表層性的魚類，如鰺、圓翅燕魚等；過了一陣子，海裡的幼魚群會漂浮到此，同時，礁體的表面會滋生許多藻類，定棲性的魚類如石斑（Ser-ranidae）亦開始遷入礁區。在空間與餌料這兩種生態因子同時增加的情況之下，成群的笛鯛（Lutjanidae）、石鱸（Pomadasyidae）（見圖八）、臭都魚（Siganidae）、秋姑（Mullidae）等等聚集在此，使得礁區形成了一個魚種複雜而生物量又驚人的魚類群社。

圖八：成群的花軟唇（Gaterin cinctus）在人工魚礁區聚
集。1979 年 6 月 10 日攝於東澳，水深二十三公尺。

同一空間內不同魚類的共存

前面已經討論了同一種魚在不同年齡個體之間，對空間的利用情形。這裡將討論的是在同一個空間之內，許多種魚共存的機制，說起來這還是魚類生態學上一個嶄新的課題。1976 年，在康乃爾大學有一場風雲際會，會中專門討論魚類群社結構的類型。其中，對魚種之間共存現象的解釋，約略可以分成三個派別。

第一個派別以紐約自然歷史博物館的史密斯（C.L. Smith）為主。他認為在一個珊瑚礁的魚類群社裡，可將魚種依體型的大小分成許多階級。由於魚種間的競爭使魚體的成長受到限制，因此，這些階級是競爭的結果。當群社中有魚死亡或往外遷移時，所騰出的這個位置將由競爭能力較強的魚種所佔用。仔細分析這一派的理論，可以說魚種之間的共存，乃是經過競爭之後的結果。

第二個派別是以澳洲雪梨大學的謝爾（P. E. Sale）為主。他以雀鯛科的魚類和一些居住在獨立珊瑚叢的魚類做實驗，結果認為的確

可利用空間的大小限制該群社中魚種的數目，而對於利用同一種空間的魚種而言，先佔到位置的則先贏。面對這樣的一個生存問題，許多珊瑚礁魚類適應出如下的生存方式：有一個長的繁殖期，並且繁殖出很多漂浮性的幼魚，使這些後代有較大的機會占到合適的生存空間。這種情形也好像抽獎大會一樣，生活空間相同的魚種各有一券，至於誰中獎，就得靠機率了。前面提到有許多琉球光鰓雀鯛和網紋光鰓雀鯛一起生活在同一個珊瑚叢裡，也許就是履行這種空間分配方式的結果。而珊瑚礁區魚種的歧異性會這麼高，也可以說是這個原因演變成的。

第三種則是紐約福特漢大學（Fordham Univ.）的岱爾（G. Dale）所提的，他舉天竺鯛為例，認為有些魚已經具有本身獨特的生活空間，但是當別處另有空間，雖然不完全符合牠的需要，但也還可生存時，牠那漂浮過去的後代會停留在該處營生。當這種情況也發生在許多其他魚種身上時，不同的魚種就因此可能共存在同一空間內，不過，這個空間卻都不完全適合牠們。牠們共聚在一起，只是一種偶然；既然都不怎麼適合牠們，所以牠們之間，也沒有什麼好競爭的。

綜合上述三種理論，可以看出第三種，也就是岱爾的理論似乎可以溝通前兩種理論。也就是說，當魚種所佔的是本身獨特的生活

空間時，魚種之間的共存現象儘可能是競爭後的結果。但是當所佔的空間並不完全適合她們所需時，共存則是逢機的結果。若往更深一層探究，如果魚種失去牠的獨特生活空間時，就必須轉而依賴那些原先並不完全合適的空間了；於是原先以逢機方式結合起來的共存魚類之間，也將發生起競爭行為來。不過這可不是幾百年、幾千年就可以看出來的！

結語

　　以上所談的是關於珊瑚礁魚類的空間分配問題，目前有些理論仍在發展之中，仍需要更嚴密的實驗來證明。由於這類調查與實驗工作，大都要配合潛水實地進行，想一想在這世界上最複雜、最美麗的景觀裡，要找出一個規矩來，是相當具有挑戰性的。在所有珊瑚礁魚類裡，棘鰭首目（Acathopterygii）的魚種佔了大部分。棘鰭首目的魚類約在1億年前的白堊紀出現於珊瑚礁區的棲所，經過五千萬年前的始新紀（Eocene）時的一次爆炸性演化，始形成今日珊瑚礁區的魚類類型。這些魚類經過長期的演化，對於棲所的選擇，不但各有其特殊的習性，即其所食餌料的種類，也多有所不同，所以談起珊瑚礁魚類的空間分布，也只能說是了解一部分的魚類行為而已。

（1981 年 6 月號）

小灰蝶與螞蟻的共生

◎——詹家龍、楊平世、徐堉峰

詹家龍：畢業於臺灣大學植病所

楊平世：任教於臺灣大學植病所

徐堉峰：任教於臺灣師範大學生命科學系

在弱肉強食的自然界中，聰明的小灰蝶憑藉著祖先賦與的本領，和螞蟻建立了一種奇妙的親蜜關係，且看牠們如何化敵為友？

自然界中，物競天擇適者生存的法則主宰著一切生物的生殺大權，所以如果想在這弱肉強食的世界裡占有一席之地，就非得要有一些絕活才能趨吉避凶。一般來說，動物對於掠食者往往是敬而遠之，但在節肢動物裡，卻有不少種類反其道而行，和螞蟻這類極度排他、且具有相當強大防禦能力的社會性昆蟲親近，這些動物被我們統稱為「喜蟻動物」（myrmecophiles）。

一項不爭的事實是：螞蟻並不會對這些外來的客人不利，相反地你會訝異於螞蟻對這些侵入者的熱誠以待，螞蟻不僅允許牠們的

侵入，有時候還會養育牠們，一如己出。所以這些喜蟻動物必定是解開了螞蟻個體間溝通的密碼，因而獲得能和螞蟻「交談」的能力。而具備此種能力的蝶類目前已知的有小灰蝶科（Lycaenidae）和小灰蛺蝶科（Riodinidae）。

其中小灰蝶科是喜蟻動物中一個主要的類群，牠們和螞蟻維持共生關係的目的，主要是為了要獲得保護。小灰蝶之所以能夠和螞蟻建立共生關係，主要是因為在牠們身上具有許多喜蟻器官（myrmecophilous organs），這些器官大致上可分為三大類：

一、蜜腺（dorsal nectary organ，圖一）：可供螞蟻取食，因此而獲得螞蟻的保護，這和蚜蟲分泌蜜露的作用相當。

二、觸手器（tentacle organ，圖二）：功能仍無一定論，且隨著不同種類可能會有不同的功能。目前推測其功能有：(1)具有標識氣味的作用，告知螞蟻自己能產生蜜露供牠們取食。(2)如果螞蟻過度頻繁想要獲得蜜露，觸手器會分泌揮發性物質，干擾螞蟻索食，避免蜜露被過度利用。(3)分泌忌避物質，以避免其他小型昆蟲竊取蜜露。(4) Aloeides thyra L.幼蟲在受到螞蟻刺激時，觸手器會擴展開來，此時圍繞在旁邊的螞蟻會被激化，並尾隨小灰蝶幼蟲離開巢穴到寄主植物上取食。幼蟲並不時快速且不斷地擴展、縮回觸手器，分泌揮發性物質，以確保蟻群們和牠一起前進，因而獲得牠們的保

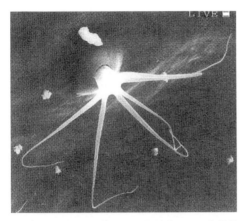

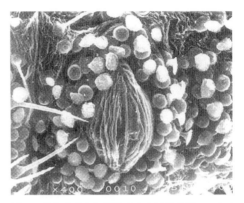

圖一：白雀斑小灰蝶蛹上面的喜蟻器——水螅狀
毛。

圖二：淡青雀斑小灰蝶幼蟲身上的喜蟻器——中央
的大型腺體為蜜腺，周圍則有許多蕈狀感覺毛。

護。在分析該物質的成分後得知，其和螞蟻本身所分泌的警戒費洛
蒙有相似的成分。

　　三、鐘狀孔：一些不具上述兩種腺體的小灰蝶幼蟲如 Lycaena di-
spar Haw.仍然有螞蟻照顧，可能和幼蟲表皮特定區域上的許多表皮
腺體（epidermal glands）所產生的誘引物質有關；而螞蟻用觸角接觸
小灰蝶身體上特定區域的時間，比接觸其他區域的時間來的多，在
這些區域，有許多細小的表皮腺體，其他地方則很少或沒有，這些
表皮腺體稱為鐘狀孔，會分泌揮發性的氣體；有時候，螞蟻專注在
這些腺體上的時間，甚至超過對蜜腺和觸手器的關注程度。以氣相
色層分析法分析小灰蝶與螞蟻幼蟲的化學傳信物質（chemical cues）

後，發現兩者的成分極為類似。

　　分析小灰蝶與螞蟻間共生關係的形式後，可發現大多數小灰蝶的幼蟲期仍為植食性，牠們身上的蜜腺會分泌蜜露，供螞蟻取食；螞蟻則保護他們，使其免受寄生蜂等天敵的威脅，雙方各取所需，可說是賓主盡歡。不過此類小灰蝶即使在沒有螞蟻的狀況下，仍能完成整個發育過程，我們稱此為巢外的非絕對性共生（facultative mutualism）。

　　在整個小灰蝶與螞蟻間共生關係的演化歷史中，僅有少數種類小灰蝶在幼生期的一部分或全部時期能夠在蟻巢中度過。其中藍小灰蝶亞科（Polyommatinae）中的大藍小灰蝶屬（Maculinea）、黑小灰蝶屬（Niphanda）、Lepidochrysops 及雀斑小灰蝶屬（Phenga-ris），都具備此種特殊的巢內絕對性共生關係（obligate mutual-ism）；其中雀斑小灰蝶屬中所包含的兩個種類在臺灣皆有分布，以下筆者便針對這兩種蝶類的生態一一加以介紹，一窺巢內絕對性共生關係的特性。

　　根據美國學者艾利歐特（J. N. Eliot）的分類處理，雀斑小灰蝶屬被歸於：鱗翅目（Lepidoptera）；鳳蝶總科（Papilionoidea）；小灰蝶科（Lycaenidae）；藍小灰蝶亞科（Polyommatinae）；藍小灰蝶族（Polyommatiini）；Glaucopsychegroup；雀斑小灰蝶屬（Phenga-ris）。本屬目前僅有淡青雀斑小灰蝶 P.atroguttata（圖三）及白雀斑小灰蝶 P.daitozana（圖四）兩種。

　　淡青雀斑小灰蝶翅長（wing length）在 22～24mm 之間；雄蝶翅膀背面為水藍色，雌蝶藍色鱗片的分布範圍則集中於翅基處。而在牠翅膀腹面的許多獨特的大型黑斑，是我們在野外辨識本屬蝶類時的重要特徵。白雀斑小灰蝶的形態和淡青雀斑小灰蝶類似，差別在於翅膀背面為白色，且腹面黑斑較小，因而使得黑斑間的距離較遠。

　　本屬為東方區的特有屬，白雀斑小灰蝶是臺灣特有種，其分布範圍遍及全島 1400～1800 公尺中海拔山區，但在 2300 公尺的梅峰也有少量的分布；淡青雀斑小灰蝶是廣布於中國西南方、華南到臺灣的種類，在臺灣則分布於全島 1400～2400 公尺的中海拔山區。兩者

圖三：淡青雀斑小灰蝶。

圖四：白雀斑小灰蝶。

皆屬一年一代的蝶種，淡青雀斑小灰蝶發生期為六至八月間，白雀斑小灰蝶出現時間則晚了大約兩個月。

　　淡青雀斑小灰蝶幼蟲是以三屬四種唇形科（Labiatae）植物為中間寄主，這四種分別是：風輪菜（*Clinopodium gracile*，圖五）、疏花塔花（*C.laxiflorum*）、蜂草（*Melissa axillaris*）及毛果延命草（*Rabdosia lasiocarpa*）。白雀斑小灰蝶幼蟲已確定的中間寄主植物為龍膽科（Gentianaceae）的臺灣肺形草（*Tripterospermum taiwanense*，圖六）。

　　這兩種雀斑小灰蝶皆偏好將卵單顆產在中間寄主植物的花苞

圖五：淡青雀斑小灰蝶的中間寄主植物，唇形科的風輪菜。

圖六：白雀斑小灰蝶的中間寄主植物，龍膽科的臺灣肺形草。

上，但白雀斑小灰蝶偶有同時產多顆卵的情形。幼蟲孵化後會很快地躲進花苞內（圖七、八），並以花部為食。淡青雀斑小灰蝶在脫兩次皮後也就是三齡幼蟲，此時幼蟲身上的蜜腺已發育完成，可分泌蜜露，其他的喜蟻器也已發育完全；而白雀斑小灰蝶則一直要到四齡幼蟲（圖九），喜蟻器才會發育完全。

圖七：孵化後的淡青雀斑小灰蝶幼蟲會躲入花苞內取食花部。

圖八：白雀斑小灰蝶幼蟲孵化後會潛入花苞中取食。

圖九：白雀斑小灰蝶四齡幼蟲停止取食臺灣肺形草，準備要進入寄主蟻巢。

此時牠們會離開中間寄主植物降落到地面，準備進入蟻巢，我們稱此階段為收養期（adoption period）幼蟲。這時候也是幼蟲生死存亡的重要時刻，因為如果牠們不設法進入蟻巢，會在二至四天內死亡。在收養期間，雀斑小灰蝶屬與家蟻屬間行為互動模式為：當家蟻發現幼蟲時，會先以觸角探索幼蟲，此行為會引發小灰蝶幼蟲分泌蜜露。很快地家蟻會開始開懷暢飲蜜露，但實際上，這只是小灰蝶幼蟲所布下的陷阱，因為接下來所引發的幼蟲擴胸行為，會使得家蟻如著了魔般的開始探索牠的胸部，然後牠會如獲至寶般地咬住幼蟲胸部，將之帶回蟻巢中（圖十）。但另人訝異的是，看起來有如軟糖般可口、鮮嫩欲滴的白雀斑小灰蝶幼蟲，卻無法引起家蟻太多的注意力，縱使牠使盡法寶，家蟻還是有一搭沒一搭的！

圖十：寄主蟻取食淡青雀斑小灰蝶收養期幼蟲的身上的蜜露，引發幼蟲產生擴胸行為。此行為會使得寄主蟻產生收養行為。

　　據筆者推測，白雀斑小灰蝶絕大多數個體可能是藉由自己的搜尋而進入家蟻巢內。而歐洲的一種大藍小灰蝶（*Maculinea teleius*）幼蟲，則有可能根據寄主蟻的追蹤費洛蒙找到寄主蟻巢。

　　詭計得逞的雀斑小灰蝶幼蟲在進入蟻巢後，肥嫩多汁的家蟻

幼體期便成為雀斑小灰蝶幼蟲的營養午餐（圖十一、十二），但是寄主蟻並沒有因此而譴責雀斑小灰蝶幼蟲的暴行，仍然若無其事般大口接受小灰蝶幼蟲的賄賂。此種現象，如以人本觀點看來，頗有賣子求「榮」的意味在。這種人神共憤的行為，直至前蛹期仍可觀察到。

淡青雀斑小灰蝶除了會取食寄主蟻的幼體期外，也會經由接觸寄主蟻的口器，來引發牠的餵食（圖十三），此種行為被認為是在模擬螞蟻幼蟲的乞食行為（begging behaviour）。像這種在生活史中不同時期會改變寄主的現象，我們稱之為寄主轉換（host shift）。

終齡幼蟲在吃完最後的晚餐之後，彷彿早已被設定好的程式般，開始偷偷地向蟻巢出口處逼近，然後選擇一個最有利的位置化

圖十一：淡青雀斑小灰蝶幼蟲取食寄主蟻的幼蟲。

圖十二：越冬後的白雀斑小灰蝶幼蟲開始取食寄主蟻幼蟲。

圖十三：淡青雀斑小灰蝶幼蟲的乞食行為。

圖十四：淡青雀斑小灰蝶將蛹化在寄主蟻巢表
面。

蛹（圖十四、十五），以便成蝶羽化時，能以最快的速度離開蟻巢。因為在沒有「喜蟻器」護體的情況下，原來和藹可親的「蝶友」就會變成可怕的「食蝶族」！劫後餘生的小灰蝶會迅速地找到攀附物，以便伸展牠的翅膀，迎接外面繽紛的世界（圖十六）。

圖十五：白雀斑小灰蝶亦化蛹在蟻巢表面。

圖十六：初羽化的淡青雀斑小灰蝶。

根據我們近兩年來的研究顯示，淡青雀斑小灰蝶會和阿里山家蟻（*Myrmica rugosa arisana*）及蓬萊家蟻（M.formosae）產生共生關係。白雀斑小灰蝶則只和蓬萊家蟻有共生關係。由此可知要維持巢內共生關係的代價，就是要專化（specialization）。

　　有學者推測大藍小灰蝶屬的幼蟲之所以能成功進入蟻巢內，和螞蟻建立共生關係，是因為牠們能夠分泌類似螞蟻用以辨識自己幼蟲的接觸費洛蒙（touch pheromone）。爾後此論點亦獲得其他學者支持，但都僅止於一些行為觀察後所推演出來的假說，而缺乏有關化學成份分析的直接證據。

　　另外，亦有學者推測大藍小灰蝶屬幼蟲所分泌的物質，為家蟻屬接觸費洛蒙中的基礎費洛蒙（basic pheromone），此種物質具有屬（genus）階層的專一性，而試圖解釋收養行為之成因，但此說法仍有不少盲點存在。

　　如果就小灰蝶與螞蟻共生關係的發展歷程看來，或許家蟻的收養行為僅代表著一種互利式的養育，而非擬態家蟻幼蟲：家蟻將雀斑小灰蝶屬幼蟲帶回蟻巢，雀斑小灰蝶屬幼蟲則供給牠們蜜露。此種現象在同為藍小灰蝶族（Polyommatiini）中的銀邊藍小灰蝶（*Plebjus argus*）也可見到，牠同樣僅能被 *Lasius niger* 單一種寄主蟻所接受並帶回巢內，牠的差別僅在於銀邊藍小灰蝶仍為植食性，而

雀斑小灰蝶屬及大藍小灰蝶屬則有寄主轉換的現象。這暗示著雀斑小灰蝶及大藍小灰蝶的共祖，也可能有著類似銀邊藍小灰蝶的生態習性。

　　在國外有很多大藍小灰蝶族群銳減，甚至滅絕的例子。如英國的大藍小灰蝶（*Maculinea arion*），在中間寄主植物及寄主蟻仍然很豐富的情況下，卻在 1978 年宣告滅絕。此事引發學者廣泛的討論，他們認為其中一個可能的原因為：人為的干擾造成微氣象（micro climate）因子暫時性的改變，因而造成寄主蟻的死亡，或植物相暫時性的改變。等到環境恢復後，和家蟻有絕對性共生的大藍小灰蝶早已不存在了。所以此種極度專化的絕對性共生，會使其對環境的變遷異常敏感。

　　而類似的情形亦在美國的舊金山重演：當地沙丘上的澤西斯藍小灰蝶（*Glaucopsyche xerces*）由於人為的干擾，使得微環境產生變化，因而使小灰蝶的發生期和環境的改變不能同步，於是便造成生物棲域的流失（biotope loss），連帶使牠的族群量急遽減少。研究人員在實驗室中飼養澤西斯藍小灰蝶後，發現牠們為一年一代的種類，除了和寄主植物 *Lotusscoparius* 及 *Lupinus arboreus* 的生長期有很密切的關係外，還會和螞蟻有共生關係。但是卻在人們了解牠們的共生關係形式前，澤西斯藍小灰蝶便已滅絕了，只留下三百四十四

隻標本供後人憑弔！

　　在臺灣，我們經常可看到公路旁在進行大規模的除草，如此一來，便使得偏好生長於林緣處的雀斑小灰蝶中間寄主植物，遭到砍除的命運。此種暫時性的破壞對雀斑小灰蝶屬的影響，可分為以下幾個層面：

　　一、除草雖不一定會造成寄主植物的死亡，但由於雀斑小灰蝶屬偏好將卵產在花苞上，如此一來勢必因除草而降低牠們的產卵量。即使雌蝶勉強將卵產在其他部位，孵化的幼蟲也會因為找不到花苞可取食而死亡。

　　二、微氣象因子的改變：除草後造成地表暴露在陽光的照射之下，勢必使得溫、濕度產生劇烈的變化，因而造成寄主蟻的適應不良或死亡。此外也可能因此導致處女蟻后遷移至其他地點築巢，導致雀斑小灰蝶屬棲地上缺乏寄主蟻的存在。

　　1996年8月，太魯閣國家公園境內的碧綠神木進行了大規模的公路除草，大量的蜂草、塔花及疏花塔花遭到腰斬的命運，但此時卻正值淡青雀斑小灰蝶幼蟲的取食期；當日筆者便觀察到一隻雌蝶將卵產在被砍除的蜂草花苞上，可以想見的是，大量的幼蟲會因此而死亡。1997 年 2 月，當筆者前往北橫支線上的突陵進行調查時，赫然發現綠意盎然的地被植物，早已被柏油路面所覆蓋。

而根據筆者本身多年在梅峰、碧綠神木所進行的非正式觀察，淡青雀斑小灰蝶近年來的分布範圍及族群量，似有急遽減少及萎縮的現象，其原因應和除草行為及公路的拓寬有直接的關聯性。但由於缺乏長期性的調查，上述斷言是否為真，尚待時間來證明。

　　最後筆者提出以下幾點，闡釋牠們之所以必須加以保護的原因：

　　一、雀斑小灰蝶特殊的生活史，使牠們對環境的變動極為敏感，任何一個環節的缺失，都將造成幾近全面性的滅絕。

　　二、雀斑小灰蝶屬分布範圍侷限於中國南方，其中白雀斑小灰蝶更是僅見於臺灣的特有種類。基於維持生物多樣性的保育理念，更應當保育牠們。

　　三、雀斑小灰蝶屬在探討螞蟻與小灰蝶之間共生關係的演化，及其與大藍小灰蝶屬間親緣關係的探討上，有極高的學術價值。

　　四、雀斑小灰蝶屬族群量的銳減並非特例，實際上許多以林緣帶地被植物為寄主的蝶類，普遍皆有相同的危機。根據筆者近五年來持續性前往中橫東段的畢綠溪觀察後發現：以生長於路旁的菫菜科植物為食的綠豹斑蛺蝶（*Argynnis paphia formosicola*），數量已極劇減少；原本在埔霧公路的霧社至翠峰路段，有龐大族群量的紋黃蝶（*Colias erate formosana*），在 1991～1994 年間突然消失，直到近兩年才又逐漸有一些零星個體被觀察到。

所以如果我們能確保雀斑小灰蝶屬的生存，其他依賴林緣帶地被植物為寄主的生物，特別是前述兩種蝶類，可因此連帶獲得保護；所以雀斑小灰蝶可說是具有「護傘種」（umbrella species）的功能。

　　五、即使環境的破壞不致於導致雀斑小灰蝶屬的滅絕，可以肯定的是，牠們的族群至少會因此而減少。或許昆蟲對於最小族群量的要求相對於哺乳動物要來得寬鬆許多，但由於牠們的族群量在萎縮的狀態中，有朝一日當牠們受到大量的人為捕捉，其影響便會有放大作用。而且就保育的觀點看來，除草本身便是對自然環境的破壞，就深層生態學（deep ecology）的角度，這和獵殺一隻臺灣雲豹是沒有什麼差別的！

（1997 年 8 月號）

參考文獻

1. Eliot, J.N., The higher classification of the Lycaenidae（Lepidoptera）: a tentative arrangement. Bull. Brit. Mus. Natr. Hist.（Entomol.）28 : 371-505, 1993.
2. Elmes, G.W., J.A.Thomas.and Wardlaw, J.C., Larvae of Maculinea rebeli, a large-blue butterfly and Their Myrmica host ants : wi1d adoption and behaviour in ant-nests.J. Zool. Lond. 223 : 447-460, 1991.
3. Fiedler, K., B.H, Butterflies and ants : the communicative domain. Experientia.52 : 14-24, 1996.
4. New, I.R., Conservation biology of Lycaenidae（butterflies）. Occasional paper of the IUCU species survival commission.8, 1993.
5. Schroth, M.and U.Maschwitz., Zur Larvalbiologie und wirtsfindung von Maculinea teleius（*Lepidoptera:Lycaenidae*）. einem parasiten von *Myrmica laevinodis*（Hymenoptera: Formicidae）. Entomol.Gener.9 : 225-230, 1994.
6. Thomas, J.A., The ecology and conservation of Maculinea arion and other European species of large blue butterfly,Ecology and Conservation of Butterflies, A.S.Pullin,ed., 1995.

急湍中的魚類生態

◎—曾晴賢

現職國立清華大學生命科學系

前言

　　魚類是終其一生必須靠水而活的生物。在地球上，水的分布從南北兩極到赤道，從 6,000 公尺的高山到 10,000 公尺的深海，每個地區的生活環境均不一樣。因此，魚類依其所能適應的生活條件而生存於不同的水域中，其分布可以從高地的湖泊到幽黑的深海，也可以從冰冷的極地到溫暖的熱帶水域。但是在不同的生活環境中，所能生存的魚類均不相同。例如深海的鮟鱇魚（angler fish）必須適應壓力高達 1,000 大氣壓的 10,000 公尺的深海；而某些魚類——如大肚魚（top-minnow），只能在淺僅及膝的沼澤中生活。不僅是對於壓力的適應力不同，同時對於鹽度及溫度等不同的環境因子，也有不同的適應情形。魚類生活環境的生物性條件之差別也很大，牠們必須尋求喜歡的食物，躲避一些掠食者的攻擊，因而影響牠對於居住環

境的選擇。

　　在本文中，筆者選擇一個極有趣的題目，探討那些居住在流速可能達到每秒兩公尺以上的湍急河川中的小生物，牠們為什麼要在那種環境中生活？當你看到溪水沖擊河床中聳立的岩石，激起雪白的水花，轟隆地往下衝時，有沒有想到水下有著奇妙的生物呢？

　　魚類是脊椎動物中種類最多的一類（超過二萬種），大多數生活於廣闊的海洋中。而生活於淡水中的魚類，因為陸地上的水域分布情形差異很大，湖泊、小潭、大江、小溪，各有不同的生物群落。如鯉魚（common carp）、鮊魚（*Culter* sp.）、吳郭魚（*Tilapia* sp.）等，由於本身的游泳能力及攝食習性而適合棲息於靜止的湖水或是流速緩慢的河川中。鱒魚（trout）、平頜鱲（*Zacco platypus*）等，喜好清澈的急流。當然，也有很多種魚可以生活在深潭中，也可以遊蕩在急湍中，如高鯝魚（*Varicorhinus alticorpus*）。這類魚在急流中，是以本身優越的游泳能力來抗拒流水的沖擊，但是牠不能持久地抗拒這股持續的壓力。就像我們頂著一股強風而立，十分費勁！然而要是能夠攀著一棵大樹，或是平貼在地面上，就會覺得輕鬆多了。有些聰明的魚類都已經學會了如何攀在一個大石頭上（因為水中沒有大樹），或者是匍匐在河床上。雖然牠們沒有堅銳的牙齒、有毒的刺，或是厚實的盔甲，卻可以快活地生存於較安全的地

方（艱苦的急流），而不必擔心有敵害！

　　對於生活於急流的魚類而言，無可置疑地，強大的水流是最重要的環境因子，它除了可提供別的侵略者無法到達的避難所之外，也可供應充足的溶氧（dissolved oxygen），以及較低的水溫。另外，在那些清澈的山澗中，也有較佳的食物。

急流中的魚類

　　臺灣全島的山區多於平原，河川多急瀨，一般均發源在寒冷的高山中，河水往往如萬馬奔騰般灌注到大洋。在山區的河川中，大多數的地形是淵、瀨交替（見圖一）。淵中居住的魚類種類較多，而純粹居住於湍瀨中的魚類，僅有少數幾科，如蝦虎魚科（Gobiidae）、平鰭鰍科（Homalopteridae）和溪鱧科（Rhyacichthyidae）。其中蝦虎魚科的魚除了在急流中生活外，深潭、緩流、淺池中也可以生存，適應力極強。這一科的魚均不大，一般的體型在五公分左右，鮮少十公分以上者，其身體的最大特徵是腹鰭在胸鰭的下方，特化成一個圓盤狀的吸盤。這個腹鰭雖小，卻有莫大的功效，可以將整個身體懸掛在石頭上，甚至牠可以安全地倒掛在你的手指頭上，而不怕掉下來！這一科的魚類除了棲息於淡水河川外，也可以在洶湧巨浪沖刷的光滑礁岩上，安穩地享受日光浴，不用擔心會被

圖一：典型的臺灣河川及峽谷。臺灣河川較短促，奔流於陡峭的山嶺之間，河床中巨石交錯羅列。河流坡度極大，水流快速奔騰，形成典型的急瀨。本圖攝自南橫公路利稻橋下。

圖二：日本光頭鯊的腹面圖。其口部下位，適於啃食岩石上的藻類和水生昆蟲。中央部位的圓盤是腹鰭特化而成的吸盤，蝦虎科魚類均有此種構造，用以攀吸附著。

突來的暗浪沖下海去（見圖二）。

蝦虎魚

常見的蝦虎魚，有川蝦虎（*Rhinogobio similis*）、極樂蝦虎（*Rhinogobio gurinus*）、日本禿頭鯊（*Sicyopterus japonicus*）等。每種魚均有一個腹鰭吸盤，其中以日本禿頭鯊最厲害，牠能由海裡一

直往河川上游爬，在河中吃水生昆蟲的幼蟲，憑著上下顎的兩排門牙，無往不利。日本禿頭鯊和極樂鰕虎都是由海洋溯河而上的過路客，日本禿頭鯊最喜歡乾淨清澈的河川，倘若河川受到污染，牠就會消失蹤影。如果你到碧潭以上的新店溪釣魚，可以問問河流附近的人家，最近有沒有捉到過和尚魚？和尚魚就是日本禿頭鯊，因為牠的頭頂光滑而圓。日本禿頭鯊原是新店溪中僅次於香魚的珍貴魚類，可惜因為淡水河下游的污染，使得牠都跑到南部的河流裡去了。昔日，日本禿頭鯊在每年的春天，都會由海中溯河而上，在山區的各個急瀨中成長。牠利用有力的腹吸盤，爬過陡峭的瀑布，一直到達河川的源頭。牠為什麼要居住在急流中呢？下文將予討論。

川鰕虎可以說是土生土長的魚，一生都在淡水中生長。雖然牠和日本禿頭鯊一樣，在急流的地方討生活，但是就其一般習性而言，牠比較喜歡稍為平緩的河流，也可以生活在平靜的潭中，吃一些長在石頭上的藻類，以及附著在石頭上的水生昆蟲的幼蟲。

平鰭鰍

第二類魚是平鰭鰍科的魚類。顧名思義，這些魚像泥鰍一樣，在嘴部有短鬚，身體兩側的胸鰭和腹鰭往兩旁平伸，極像有個小翅膀。這類魚是急流區的典型居民，因為牠的一生都在這種環境中度

過。平鰭鰍科的魚類起源於喜馬拉雅山區，只分布在臺灣、中國大陸南方、四川山區、印度、中南半島、馬來西亞、婆羅洲一帶。這些地區的河川坡度極大，往往在極短的一公里之中，落差可達 200 公尺，所以常會造成瀑布或是奔騰的急流。河流的源頭均係冰雪之地，融化的雪水匯成冰冷的河水。臺灣雖然沒有終年積雪的高山，但是在冬季，海拔 2000 公尺以上的河流中，水溫一般均在 0～4℃，除了耐寒的高山蟾蜍的蝌蚪外，河中似乎毫無生氣，在這種環境裡，平鰭鰍還是可以安穩地生活。

本科魚類最大的特徵是胸鰭和腹鰭極度扁平而向兩側平伸，每個鰭條之後半端有一極發達的皮瓣，每一皮瓣連在各別的鰭條之上，均有吸附攀爬的功能。這一類魚不善於長時間的游泳，而只是在大石塊上游來游去（實際上可說是爬來爬去），或者是由這一塊石頭迅速地跳躍至另一塊大石頭。爬行的時候，是左右的偶鰭交互地前進，和爬蟲類在陸地上行走的姿態像極了，後退時，也十分輕鬆（見圖三、四）。

臺灣山地的居民均流傳著一些關於平鰭鰍的故事，其緣由莫不是因為牠有特殊的生活能力。臺東大關山麓的布農族將平鰭鰍稱之為 Sasubinan，意思為貼在石頭上的魚。他們說這種魚很厲害，能夠攀爬瀑布而上溯至深山小澗；而且認為鰻魚是受到這種平鰭鰍的幫

圖三：高雄甲仙產的埔里中華爬岩鰍（Sinogastro-
myzon puliensis）。這是急流區中的佼佼者，如
果貼在水族箱的玻璃上，想要將牠拉下來，還可
真不容易呢！

圖四：貼在玻璃上的埔里中華爬岩鰍，可以清楚
看出平而稍呈長圓形的腹面構造。腹鰭後緣癒
合，對於牠吸附在岩石或平板上有很大的幫
助。趴在塑膠管上的是臺灣平鰭鰍。

忙，才能夠溯瀑布而到達無人所至的溪谷；同時在颱風期，山洪暴
發，整個河川似翻騰般的大龍，即使有再堅強的盔甲，也不能抵擋
滾石的衝力，這個時候，平鰭鰍會將其他的魚馱在背上，而爬到岩
邊，安然地度過洪水期。

溪鱧

　　第三類魚是溪鱧，牠和平鰭鰍的體型非常相似，可是血緣關係
上卻相差極遠。我們很容易看出牠有二個背鰭，胸鰭和腹鰭同在一
個上下的位置，由上往下看，還以為牠沒有腹鰭呢！牠的腹鰭比起
胸鰭要小很多，但是有一半的腹鰭互相緊靠，腹面也有一層和平鰭
鰍相似的皮瓣，由於每一個鰭條緊靠在一起，因而牠有很好的吸附

圖五:溪鱧的腹面觀;腹鰭位於胸鰭之直下方,暗紅色的部分是緊密的鰭條,上面有肉墊可以作為吸附的工具。這種魚最喜歡在從高往下沖的瀑布處生活。溪鱧產於高屏溪上游的荖濃溪以及花蓮的秀姑巒溪上游。

力(見圖五)。

除了上述的三科魚類有特殊的吸附器官,可以將身體吸附在急流區的河底之外,一些蝌蚪也有吸盤似的口器和腹部構造,而無憂無慮地在急流中生存。另外,更微小的水生昆蟲幼體有著更多的附著方法,如足絲、膜瓣、纖毛、倒鉤等,可以將這些小東西維繫在急湍中。

平鰭鰍和溪鱧是典型的嗜急流性魚類,可以說終生在急流中生長,因而我們可以以牠們為代表,來探索一些問題。平鰭鰍由卵孵化時,全身和一般魚類沒有差異。但是隨著成長,身體腹部漸呈扁平,頭部也有了變化,兩個眼睛逐漸朝上轉,最後幾乎是朝著天空。這種構造具有特殊的功能,因為牠匍匐在河底,視界中以頭頂上的區域最重要。口的位置也會由接近吻端而漸漸轉至腹面下,口型稍呈新月狀,顎部沒有牙齒,而有特化的角質層,可以刮下岩石上的藻類,以及很容易地將薄、扁的水生昆蟲由石頭上剔下來。我們由以下的圖形看出,生活類型不同的魚類,對於適應急流而變化

的身體曲線，可以由流體力學的
觀點來觀察其進化的情形（見圖
六）。最佳的體形應該是中華爬
岩鰍（*Sinogastromyzon* sp.），腹
部扁平，背部的曲線低而且平
滑，胸鰭和腹鰭向左右平張。其
胸鰭向前伸展到頭部眼下，腹鰭
彼此相連，所以整個體盤呈長圓
形，而尾部仍然側扁。體盤呈長
圓形，可以和石頭表面緊密相
貼，腹鰭後緣相連，則可以增加
吸附能力。如果牠貼在石頭上
時，你一定很難將牠拔起來，唯
一的辦法是用竹片從底部撬起
來。牠的尾部很有力量，可以藉
著拍打而迅速地轉移位置。牠的
胸鰭構造和一般的魚類不同，無
法整個自由擺動，只有靠近內側
部位的鰭條會一直搧動，主要的

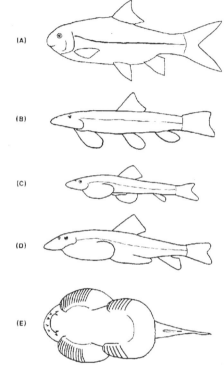

圖六：（A）是高身魚的體形，魚雷流線形，是急
流區的常客，游泳能力特佳，但是牠無法停留在
固定的一個地點。（B）是臺灣平鰭鰍之外形。
（C）是臺灣石爬子的外形。（D）和（E）是埔
里中華爬岩鰍的側面觀和腹面觀。可以清楚看出
優秀的適應體形和身體構造。偶鰭之粗線表示有
肉墊的鰭條。（B）、（C）和（D）的尾部分叉
情形都有一個共同的現象，下葉較上葉為長，對
於幫助身體往上躍有很大的功能。

作用是將腹面的水排出去，使得牠更貼近岩石表面，腹鰭則很少擺動。牠整個頭部可以上下彎曲，一般魚類則較不容易做到。口較小，但四周有較厚的口溝唇和觸鬚，可以幫助牠吸附以及尋找食物。

附著功能的物理性質

　　急流區的動物可以生活在很強的水流之下，主要是因為具有三個功能：第一，整個身體的構造對於水流有最小阻抗力；第二，增加比重；第三具有附著功效的機械性構造。

　　魚類不停地游泳或者停在一個流動的水域時，身體對於水的阻抗係依其相對速度、流體的物理特性、身體的大小和形狀，以及表面的光滑度而有所不同。河川中水流最強的位置是距離底部約十分之六水深的地方，因此魚類不會完全遭受強勁水流的衝擊。

　　生活在急流區中的魚類均屬於較小體型的種類或個體，因為體型太大的不易在這種環境中尋求足夠的空間來隱避或移動。同時水流的阻抗和生物體的大小成正比，較大的個體要比小個體需要較大的力量來抗拒水流，因而較小的體型較適合在急流區居住。身體的形狀對於水流的阻抗也有很大的關係，球形、陀螺形、方形或各種怪異不規則形狀的魚類，均不容易抗拒水流的衝力，游泳性魚類的

體形均是流線形，主要的功能就是使水流的阻力減至最低。平鰭鰍類的身體極為扁平，腹部極為平坦，而背面曲線的幅度在水流經過時可以減低對水流的阻抗，同時部分的分壓增強了緊貼岩石的功能。平鰭鰍魚類體表具有圓鱗，有黏液分泌於外部，可以減少與水的直接磨擦。

圖：典型的急瀨區。河水急速地往下衝，受到河中巨石擋道，形成白沫滾滾。如平鰭鰍等嗜急流性魚類即以中央之岩塊為生活中心。本圖攝自南橫公路新武呂溪霧鹿段。

　　一般魚類浮沈的功能大部分係依靠本身比重的調節，這種情形對表層性魚類而言，主要是利用鰾。而平鰭鰍魚類的鰾則退化了，因為如果牠仍有鰾的構造，萬一浮離石頭上，不是會被水給沖走了嗎？

　　水生動物一般用來附著的構造，可以分成四大類：一、分泌黏液，二、吸盤構造，三、抓的構造，四、鉤的構造。水生昆蟲的幼蟲大部分會分泌黏絲，使自己固定在石頭上。蝦虎科的魚類則有吸盤，而平鰭鰍科魚類的腹鰭有特化成吸盤的功能，同時唇部也有抓的功能。另外如搖蚊科的昆蟲，則有特化的足部棘毛，可以攀附在河床底部。

結語

　　達爾文在《物種源始》一書中強調，種的演化是因各種不同的特徵（characters）一連串的分歧作用（divergence）而形成的。事實上，有許多學者認為，有很明顯的證據可以證實演化是特徵的趨同作用（convergence）而產生的。從整個平鰭鰍科魚類的身體構造可以很明顯地看出，由於環境因素影響，而有一個很完全的演化系列：由一個很簡單型式的分離腹鰭構造，逐漸發展成為優異的癒合型式，這不僅是活生生的演化證據，也說明了生物在數百萬年演化過程中，為了適應環境的挑戰，而發生許多構造上的改變，以致形成如今多彩多姿的生物界，多麼奇妙啊！

（1981 年 6 月號）

參考資料

1. S. L. Hora, Ecology, Bionomics and Evolution of the Torrential Fauna, with Special Reference to the Organs of Attachment, Phil. Trans. Roy. Soc. London, （B）CCXVⅢ, 1930.
2. Yun－sheng Liang, The Adaptation and Distribution of the Small Fresh－Water Homalopterid Fishes, with Description of A New Species from Taiwan, Seminar of Living Organism and Enviroment, 1974.
3. G. V. Nikolsky, The Ecology of Fishes,1963.

蛇類的生態適應

◎——杜銘章

任教於臺灣師範大學生命科學系

全世界的蛇類約有二千五百種，牠們的生存環境相當多樣化，海裡、陸上、地下、樹梢，甚至是空中都可能有牠們的蹤影，而多樣的生存環境正塑造了蛇類繽紛的適應結果。

不同生態環境的動物，其形態、行為和生理構造等，常會因應特有的棲息環境作調整，以達到適應生存和繁衍後代的目的。蛇類雖無附肢，體型都只是較簡單的細長形，但也會因不同的生存環境或習性而有顯著的差異。全世界的蛇類約有二千五百種，牠們的生存環境相當多樣化，海裡、陸上、地下、樹梢，甚至是空中都可能有牠們的蹤影，而多樣的生存環境正塑造了蛇類繽紛的適應結果。

挑戰海洋

海蛇是適應海洋生活最成功的爬行動物（圖一），因為許多海蛇已經可以完全不用上岸，終其一生都在海裡，海龜則仍需上岸產卵。

（一）滲透壓的調節

適應海洋生活必須先克服許多挑戰，第一個問題就是體液滲透壓的調整。多數脊椎動物的體

圖一：海蛇是適應海洋生活最成功的爬行動物。

液滲透壓約只有海水的三分之一，海蛇的體液滲透壓也是如此。所以如果不能有效維持滲透壓的恆定，則海蛇將會因長期浸泡在高張溶液中，脫水死亡（就像浸泡糖水的蜜餞一樣脫水皺縮）。幸好海蛇表皮對水分的通透性很差，和一些淡水的蛇類相比，海蛇的表皮通透性都只有其一半以下。有些海蛇的通透性甚至只有淡水蛇類的3%。所以海蛇體內的水分並不容易經由體表滲透到高張的海水中。但除了水分不易流失外滲，在海洋生活等於沒有淡水的補充。還好海蛇是爬行動物，牠們的代謝廢物是以尿酸的形式排除，需要水分不多，因此從食物中便可獲取足夠的水分，至於隨著食物進入體內的海水或累積過多的鹽類，則可以藉由特化的鹽腺排出體外，海蛇

在舌鞘下方有排鹽的腺體稱為舌下腺，當海蛇吐信時，便可將高濃度的鹽類排出體外，以進一步維持體液滲透壓的恆定。其他適應海洋生活的爬行動物，如海龜、海鬣蜥和一些鱷魚也有類似的排鹽構造，只是部位不同，海龜的排鹽構造在眼睛後方，稱為淚線；海鬣蜥的在鼻腔，叫做鼻腺；而鱷魚在舌頭上，故名舌上腺。

（二）潛水時間的延長

除了滲透壓的調節外，延長潛水時間也有利牠們在海中生活，海蛇主動潛水閉氣的時間，多半三十分鐘至一小時。在強迫潛水的試驗中，當水溫只有 13℃時，最長可達到二十四小時。不過一般狀態下，海蛇最長的閉氣時間多半在五小時以內。

閉氣時間直接受到耗氧量的影響，而耗氧量和新陳代謝率息息相關，爬行動物是外溫動物，外溫動物的新陳代謝率，只有一般內溫動物的六分之一至七分之一左右，所以在沒有特殊適應的情況下，牠們閉氣的時間也大約會是內溫動物的六至七倍，如果以一般陸棲的哺乳類閉氣時間約二分鐘來估算，則只要是外溫動物便可以閉氣達十至十五分鐘。不過海蛇的閉氣時間經常比這個估算的值還大，因此牠們顯然有其他的適應機制，以延長閉氣的時間。

目前已知海蛇的表皮可以參與呼吸作用，皮膚呼吸並不是海蛇

特有的本領，有些淡水烏龜也能進行皮膚呼吸，少數種類從皮膚獲得的氧氣量甚至可以占全部獲氧量的 70%。另有些陸棲蛇類如巨蚺也能進行皮膚呼吸，但獲氧量所占的比例只有 3%而已，海蛇從皮膚所獲取的氧氣量多在 5%以上，最高的種類是黑背海蛇，其 22%的氧氣是由皮膚獲得；至於二氧化碳，則可以完全經由表皮排除。

（三）形態上的改變

在形態上，海蛇也有許多調適以利生存。例如側扁的尾巴（圖二），使海蛇在左右擺動身軀時能產生較大的推進力，而這個特徵也幾乎是海蛇的註冊商標，其他的水棲蛇類多半未演化出這樣的尾巴，只有極少數的種類如東南亞的稜腹蛇（Bitia hydroides）才有側扁的尾巴。

圖二：側扁的尾巴是海蛇適應海洋的重要改變也是辨認牠們的重要特徵。

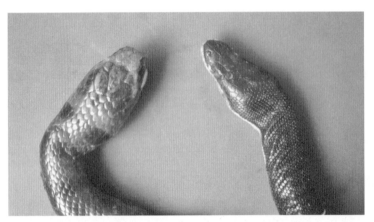

此外海蛇的身體也略成左右側扁，鼻孔則有瓣膜產生，當瓣膜下的海綿組織充血時，會將瓣膜向上推起而關閉鼻孔，反

圖三：黑背海蛇（右）的鼻孔已經上移至吻端，黃唇青斑海蛇（左）的鼻孔上移情況則不明顯。

之則鼻孔打開，鼻孔的位置也有上移至吻部上方的情況（圖三），以利於換氣。不過闊尾海蛇屬的海蛇，其適應海洋的程度並不像海蛇屬那樣徹底。因為牠們的鼻孔上移的程度較不明顯，鼻孔也無實際的瓣膜，只靠鼻孔周圍的組織充血或失血的方式，讓鼻孔關閉或打開；且不像其他海蛇已演化出胎生的方式，闊尾海蛇屬仍維持較原始的卵生方式。所以牠們需上岸在礁石縫內產卵，也因此牠們腹鱗退化的程度較不明顯。海蛇屬的腹鱗常完全退化到只剩一小片，難以和其他的體鱗區隔（圖四）。

適應沙漠

和海洋環境類似，生活在沙漠的動物，也常面臨淡水補充不足的問題，爬行動物的表皮雖然已經可以有效防止水分散失，但

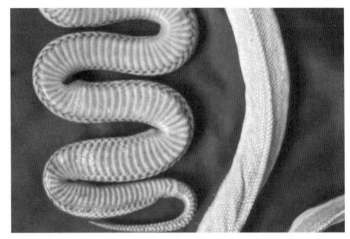

圖四：黑背海蛇的腹鱗（圖右中央的鱗片）已退化得難以和體鱗區隔；圖左為一般蛇類的腹鱗。

為了進一步節約，一些沙漠蛇類還會分泌油脂塗抹在表皮上。另外，呼吸道也是水分散失的重要管道，因此部分沙漠蛇類的呼吸頻率會明顯降低。

除了缺水以外，沙漠的日夜溫差很大，食物量的變化也很可觀。對於溫差的應變：蛇類以細長的外形躲入狹小縫隙內，避開致命的溫度，且細長的外形也有利於體溫調節，因為藉由盤繞成一團或放鬆開來，可以明顯降低或增加表面積來調節體溫。蛇類因是外溫動物（不需浪費能量在維持較高的體溫上），新陳代謝率低，所以其食物的需求量很低，而蛇類有一頓吃很多，但間隔很久才需再

吃一次的特性，所以也很容易適應食物量起伏很大的沙漠環境，因此沙漠中蛇的種類和數量都相當多。

　　沙漠的鬆散沙地使不同親緣的蛇類發展出類似的適應行為和構造。用蜿蜒爬行的方式在沙地前進效果不但不好，身體和熱沙接觸的面積也較大，所以許多沙地的蛇類移動時，身體只有二個點和沙地接觸，並快速側身躍進，這種特殊的運動方式稱為側彎爬行（sidewinding）。還有為了和鬆散的沙子有較佳的摩擦力，牠們的鱗片也多半有明顯的稜脊。

　　沙漠的食物密度較低，四處覓食的捕食方式容易得不償失，反而守株待兔比較有利，所以潛伏在沙地內，等待獵物靠近才襲擊是常見的捕食方式，為了偵察獵物的動靜，牠們的眼睛多會上移至頭頂或往上突起，並產生突起的稜鱗加以保護，看起來就像頭上長了兩個角。

潛遁地下

　　鑽行在泥土底下生活的蛇類，自然也會因特殊的環境壓力，衍生出特殊的形態構造。因為經常在地底下活動，眼睛用處不大，所以牠們的眼睛都會變小，或退化到幾乎看不見；為了便於穿過現成的泥土孔隙，牠們的體型都有小型化的趨勢；為了利於鑽行，牠們

的鱗片也多光滑平順（圖五），而不具有稜脊，以便降低摩擦力。另外，牠們的嘴巴經常在吻端下方而不在前端，這樣可以避免鑽行時，泥土進入口中，並有利於頭前端演化成較尖的形

圖五：盲蛇的眼睛、體型皆小，鱗片光滑且尾部變短而鈍。

狀。在沒有現成的孔隙可用時，牠們便需要靠自己的力量向前鑽行，所以頭骨多變得堅硬而緻密，頭部變得短而尖，頸部也不明顯；吻部前端的鱗片則會特化以便挖掘；細長的尾巴顯然不利於協助向前推進，結果都縮短變鈍。因此地底下活動的蛇類，其頭尾常不易分清楚。

　　「孫叔敖埋兩頭蛇」是我們耳熟能詳的故事；明朝李時珍的《本草綱目》，曾經整理一些兩頭蛇的描述，其中提到「藏器」紀錄：兩頭蛇大如指，一頭無口目，兩頭俱能行，云見之不吉，故孫叔敖埋之。《劉恂嶺表錄》則說：兩頭蛇嶺外極多，長尺餘，大如小指，背有錦文，腹下鮮紅，人視為常，不以為異。羅願的《爾雅

翼》記載：甯國甚多，數十同穴，黑鱗白章，又一種夏月雨後出，如蚯蚓大，有鱗，其尾如首，亦名兩頭蛇。現在已經知道兩頭蛇就是鈍尾鐵線蛇（Calamaria septentrionalis），這種蛇的尾部不但鈍圓，而且上面的花紋和頭部的花紋類似，所以非常像前後各有一個頭。

爬上樹梢

雖然許多蛇類都能緣木而上，但只有樹棲蛇類會「居高不下」，牠們大部分的時間都逗留在樹上，經常面臨底質不連續，以及愈往上爬樹枝的支撐力愈小等挑戰，結果拉長身軀或減輕重量成為樹棲蛇類的特徵。

典型的樹棲蛇類其身體最寬處一圈的長度只占身長的 2%，而陸棲蛇類卻可能高達 30%以上。為了維持輕盈的身軀，一些樹蛇從攝食到排遺的時間也明顯的比陸蛇短。特別細長的身體有助於牠們跨越不連續的樹枝間隙；左右側扁的身體更提升了這樣的能力，再加上脊椎骨和連結肌肉的強化，使得樹棲蛇類經常可以跨越全長 50%以上的距離（圖六），很少做跨越動作的水棲蛇類，其跨越距離則只在全長的 10%以下。細長的身體還有隱蔽的好處，當牠們停棲在枝葉間時，細長的身體較不易被發現。在顏色上，樹棲蛇類也多半

不是綠色就是棕色，
而且一般來說腹部顏
色較淺，背部顏色則
較深，這種對比顏色
（counter shading）的
安排，就像許多遠洋
魚類的體色模式，使
牠們在上方光線強，
下方光線弱的環境

圖六：樹棲蛇類經常做垂直上爬的動作，其跨越能力也特別好。

中，更容易隱藏而不被發現。在行為上，一些樹棲蛇類甚至會隨風
搖擺身軀，就像風中擺動的藤枝蔓條。

許多樹棲蛇類會有深色的橫條紋，從吻端經過眼睛到後頰部，
這種「眼線」在陸棲蛇類也有，但比例不像樹棲蛇類這麼高。一般
認為眼線有助於隱蔽眼睛的存在，讓天敵不易發現眼睛的位置。在
樹上捕獵的困難度比陸上還高，一旦沒咬好獵物，便不易再尋獲。
因為在地面上如果獵物跑走，還可以依循其留下的氣味，沿途尋
找，而且只要搜尋二度空間的範圍，但三度空間的樹林環境則很難
再找回脫逃的獵物，必須百發百中才不會徒勞無功。這樣高水準的
要求對於日行性的樹蛇更顯殷切，而這些蛇類也在眼睛、頭形和吐

圖七：綠瘦蛇的瞳孔特化成水平的鑰匙孔，
吻部並延長變尖細。

信行為上產生了很特別的改變。

　　東南亞的瘦蛇其眼睛不但大，瞳孔還特化成水平的鑰匙孔形狀（圖七）。延長的水平瞳孔不但增加了視覺範圍，而且還可以避免因視覺重疊區的需求而減少了視覺範圍。視覺重疊區是左右兩個眼睛可以共同看到的區域，在這個區域內出現的物體，其相對於眼睛的距離可以較準確的被判斷，[1] 且瘦蛇的水平瞳孔已經向前延伸到超過其正常水晶體的位置。蛇類對焦的方式和其他陸生脊椎動物不同，牠們眼睛的對焦，並不是像我們以改變水

---

1. 我們只要遮住一個眼睛，便會發現原來在眼前可以輕易用手指掐到的小物體，這時候變得有些困難才抓得到。許多掠食者為了增加視覺重疊區的範圍，兩個眼睛會前移到頭部前面的同一個平面上，像貓頭鷹、虎、獅等猛獸和人都是很明顯的例子。但眼睛前移的結果也會減少了其後側面的可見範圍，對於天敵很少的頂層掠食者來說，視覺範圍變小的代價並不大，但對於天敵仍多的掠食者來說，這樣的改變可能得不償失。

晶體曲度，造成折射
率的差異，進而達到
對焦的目的，而是利
用水晶體內外移動來
完成對焦的需求，而
瘦蛇在對焦時，水晶
體不但可以內外還可
以往前移動，以便由
瞳孔前端射入的影像
能透過水晶體對焦。

圖八；盲蛇纏手指。

此外牠們的吻部更是向前延伸，變成為尖細狀，並在眼睛和吻端間
產生一條內凹的溝槽，以免擋住正前方的視線。

　　類似的頭形和大眼睛也出現在其他不同屬的樹棲蛇類，如中南
美洲的蔓蛇、非洲的藤蛇和海地的長尾蛇等，這都再次證明：相同
的環境壓力會使不同血緣的生物，產生類似的適應方式。眼睛和頭
形的特化，都是為了讓樹棲蛇類更準確地瞄準並捕捉獵物。

　　當牠們靠近獵物時，蛇類快速的吐信行為，可能會吸引獵物注
意而提前逃掉，因此一些瘦蛇甚至演化出非常特別的吐信行為，牠
們的舌頭一旦伸出後，便會停止在空中一段時間才會縮回。這種異

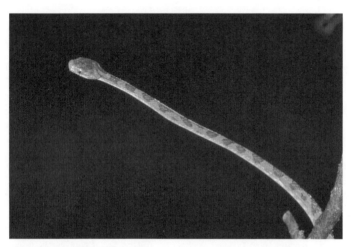

圖九:筆直大頭蛇。

於其他蛇類的吐信行為,可能有助於避免被獵物發現。還有在咬住獵物時,若不能緊咬不放也會功虧一簣。對於經常以鳥類為食的樹棲蛇類,這樣的挑戰更加嚴酷。因為鳥類羽毛蓬鬆,若牙齒沒有咬入皮肉內,很快地就會被其掙脫而逃,因此不少樹棲蛇類有較長的牙齒或毒牙,以便降低獵物從口中掙脫的機會。

樹棲蛇類垂直上爬的行為,考驗著循環系統的適應性。當蛇類攀樹而上時,血液因重力的關係會往下堆積,如果沒有適當的調整,流回心臟的血液會減少,接著腦部或其他重要器官,就會有供血不足的問題。和其他棲息環境的蛇類相比,樹蛇血管的可塑性較低、表皮較為緊繃、身軀較纖細,因而限制了血液向下堆積的程度。樹蛇後半身血管的神經網路也較為密集,能更快速而有效的控

制血管張力，防止血液向下堆積。

　　另外，樹蛇的血壓一般為40～70mmHg，而很少做垂直上爬行為的蛇類則只有 20～35mmHg，心臟的位置也比其他的蛇類更接近頭部，這些差異都有助於樹蛇在垂直上爬時，腦部的供血能夠一直維持正常。還有樹蛇的血管肺和其內的血管，也明顯的比水棲蛇類短很多，水棲蛇類的血管肺常占身體全長的 50%以上，而樹棲蛇類通常只占 10%以下。如果我們頭上尾下地抓著水棲蛇類，牠們肺血管內血液向下堆積的情況會非常嚴重，以至於其內的微血管會破裂而造成傷害，樹棲蛇類縮短的肺血管則可避免類似的傷害。

從天而降

　　從樹上再進入空中似乎是很合理的演化方向，在脊椎動物裡，爬行動物首先走上這條路。遠在一億九千萬年前，翼龍便已經遨翔在天際。目前有許多會滑翔的物種生活在樹林中，適應生存相當成功的蛇類也沒有缺席。從印度到東南亞的熱帶雨林內，便有這類可以騰空滑翔的金花蛇。當牠們從樹冠層的高處躍下時，肋骨向外擴張，整個身體立刻成為扁平並略向內凹，使牠們在滑翔而下時，角度可以維持在三十度左右，但除此之外，我們對牠們的瞭解還相當有限。

結語

　　其實人類社會對蛇的偏見和誤解存在已久，因此有關蛇類的生態或行為研究，也一直遠遠落在其他陸生脊椎動物之後，直到近十年才開始急起直追。但蛇類還有太多生態適應的奧秘等著我們去發覺，在研究的過程中，除了滿足我們的好奇心外，也帶來許多的啟發。現今生物多樣性正漸受重視，研究經費和人力只集中在少數明星物種的作法將會式微，蛇類正是那被忽視已久的一群，但願更積極的研究和社會教育，會讓我們更珍愛這群長期被嚴重歧視的動物。

（2001 年 5 月號）

身世成謎的綠蠵龜

◎—程一駿

任教於海洋大學海洋生物研究所

雖然海龜早在二億年前就和也是爬蟲類的恐龍同時出現在這個世上，但是到了今天，我們對這個「活化石」生活史的了解，依然十分有限。在許多人的眼中，海龜只是代表著來自海洋、身軀龐大、有硬殼，但不會攻擊人的食物。它不僅肉可吃，身軀可製成各種飾品或是驅邪的吉祥物，其蛋也是一種蛋白質的來源，因此價值非凡。然而，人們並不因其價值高，而設法好好去了解這種動物。在短短一、二百年的大量捕殺和生活環境的破壞後，海龜的數量已由數以百萬計急劇地減少到瀕臨絕種的程度。幸好，近年來由於科技的高度發展，使得我們得以將一些先進的科技應用於海龜的研究和保育上，而逐漸地揭開了海龜神祕的面紗。

海龜家族

目前世上的海龜共有兩科七種，分別是蟾龜科（Family Chelonidae）的綠蠵龜（*Chelonia mydas*）、赤蠵龜（*Caretta caretta*）、玳瑁（*Eremtochelys imbricata*）、欖蠵龜（*Lepidochelys olivacea*）、肯氏龜（*Lepidochelys kempi*）、平背龜（*Natator depressus*），其後革龜科（Family Dermochelonidae）的革龜（*Dermochelys coriacea*）；另外，有人將東太平洋特有的黑龜（*Chelonia agassizi*）列為第八種海龜，但因其在分類學上仍有爭議，所以一直姿身未明。這七種海龜，其分類以生活習性做為依據，由於不同的種類，其生活環境差異很大，所以沒有亞種的產生。

綠蠵龜

　　綠蠵龜俗名黑龜或石龜，是七種海龜中體型較大的一種，其體重可達一百公斤以上，體長也在一百公分背甲直線長左右。綠蠵龜的英文名是 green turtle，乃因其體內之脂肪富含牠主要的食物——海草和海藻的葉綠素而得名。然而，牠的體色則腹面為白色或黃白色，背甲為從赤棕色含有亮麗的大花斑到近墨色不等。綠蠵龜廣泛分布於熱帶以及亞熱帶水域中，終其一生除了上岸產卵外，都生活在大洋之中。然而，讀者有所不知的是，綠蠵龜是靠肺呼吸的，所以儘管牠是海中的游泳高手，其潛水的深度通常不會超過五、六十公尺。由於綠蠵龜只在呼吸時才露出水面，所以牠在大洋中的行蹤

十分難以掌握，其身世也就一直鮮為人所知。

產卵行為

　　根據過去二、三十年的資料顯示，綠蠵龜會在氣溫高於 25℃ 的沙灘上產卵。產卵前，公龜和母龜會從其覓食海域洄游到產卵場附近的流域進行交配。一隻母龜可以和數隻公龜交配，並將精子貯存起來，分批受精，這就是為何母龜會多次上岸產卵的原因。交配期結束後，公龜或者自行返回覓食地，或者在附近徘徊，直到母龜產完卵後，再行離去。

　　海龜並非每年都會產卵，根據研究估計，綠蠵龜平均要二到四年才會再次上岸產卵。由於每隻海龜的發情期不太一樣，所以，每年上岸產卵的母龜族群變化量很大。

　　由於海龜在海上的活動情形不易了解，所以大部分的研究均集中於母龜上岸產卵這段時間。基於避敵的天性所使，綠蠵龜通常於夜晚漲潮時上岸產卵於人煙罕至的沙灘上，月亮的盈缺則和海龜的產卵行為無大關係存在。產卵前的母龜極為敏感，任何輕微的干擾如燈光、噪音等都會使她放棄產卵而返回大海之中，母龜在選擇好產卵的位置後，會用前鰭挖出一個大可容納整個身軀的淺體洞，再用後鰭挖一個深圓柱形的產卵洞，等到約兩小時的「工作」後，母

龜就會產下約一百個乒乓球大小一般的白色皮革質的蛋。產完蛋後，她會再花上一、兩小時，用前、後鰭將卵窩用沙蓋好，再蹣跚地爬回大海之中，只在沙灘上留下長長像坦克履帶般的爬痕。

在澎湖望安產卵的綠蠵龜，其交配期約在每年三、四月，產卵期則從五、六月之間到十月下旬。產卵的母龜數量不大，近四年來，每年不超過十五頭。每頭母龜平均產下六窩蛋，每窩含約一百一十個蛋，卵窩深度約在七十公分左右，龜蛋的孵化期約在五十天左右。由於孵化中的稚龜需靠軟而且有韌性的蛋皮與外界交換氣體與排除新陳代謝的廢物，所以，稚龜的孵化情形受卵窩深度以及降雨量所影響。和其他爬蟲類一樣，海龜的性別決定於稚龜孵化時週遭的溫度，根據研究顯示，溫度高於 32℃時，孵化出來的大多為雌龜。低於 28℃時，大多為雄龜，只有在 32℃與 28℃之間，才會有1：1之性比。

成長之路

剛孵化出來的小綠蠵龜，長約四、五公分背甲直線長，比手掌還要小，背部是黑色，腹部以及鰭緣為白色。孵化出來的龜寶寶會用鼻前一個小而堅硬的小點啄破蛋皮而出——這個器官在小龜脫殼後就會自動消失。同一窩的海龜會在同一時間內孵化出來，脫殼而

出的龜寶寶，會藉著從頂上落入空蛋皮的沙做為階梯而奮力往上爬。約需三至七天的時間它們才能爬出卵窩，由於避敵的天性所使，稚龜通常於夜晚沙灘溫度較低時，才會爬出地面。藉著向光性，龜寶寶快速的爬向較為明亮的大海，在到達海邊後，它會尋著海浪的聲音，衝進浪花中，盡全身的力量，向外游出，以減少天敵的捕食機會。然而，沙灘旁的路燈，亦會吸引這些剛離開卵窩的小龜，誤導其方向，使其以為路燈就是海洋，而找不到回家的路。

小龜的天敵很多，在陸地上有各種沙灘上活動的動物，如沙蟹、家畜、海鳥及人類，在海中又有各種肉食性的魚種。由於沒有防禦能力，龜殼又軟，所以小綠蠵龜的死亡率甚高，根據估計，平均一千隻小龜中，只有一隻可以長大為成龜。

儘管我們對海龜在陸上的生活情形了解不少，但從小龜回到大海，到長大成熟的大部分歲月裡，沒有人真正知道其確切的生活習性和分布範圍。根據一些初步的研究得知，綠蠵龜的成龜雖然以海草及海藻為食，然而幼龜卻以浮游性動物為主食，因此幼龜和成龜所棲息的海域大不相同。據說幼龜是依附於大洋漂流的海草床下生活，由於沒有人能夠真正地確定牠在這段時間的活動情形，所以均以「迷失的歲月」（the lost year）來表示綠蠵龜這段生活史。

一直要到小龜長到二、三十公分背甲直線長的亞成體後，才會

結束其浮游的生活型態，回到岸邊，選擇一海草及海藻豐盛的淺水海域定居下來，過著以這些植物為生的底棲性生活。從此之後，一直到長大成熟，都生活在岩岸或珊瑚礁的海域中。

　　綠蠵龜長得有多快？牠的年齡有多大？到底能活多久？這一類的問題到目前為止並沒有確切的答案。這主要的理由是我們無法由海龜的外形或龜殼的特徵來判斷其年齡的大小。海龜的殼雖是角質層的組織，但和人類的皮膚一樣是會脫落或剝落的，新的皮膚則由殼內的皮下組織所形成。所以海龜雖會長大，但不會像節肢動物一樣地有脫殼的行為。正確的年齡測量方法，是判讀海龜的脊椎或前鰭靠近胸部骨骼的年輪；然而，這種做法需先犧牲海龜方可達成，由於綠蠵龜是保育類動物，所以這些資料十分有限。根據一些短時間的體長測量來推估，在野外長大的綠蠵龜約需二十至五十年方能長大成熟。

　　和年齡一樣成謎的問題是綠蠵龜的族群量到底有多少？由於我們對海龜在海上的生活史所知非常的少，族群的分布大多一無所知，因此十分難以研究。但一般的估計，全球至少有二十萬頭以上的綠蠵龜，只不過大部分都集中在少數幾個地區。

洄游

　　成熟的母龜平均每二到四、五年會洄游回到其出生地去產卵。綠蠵龜對其出生海灘的忠誠度很高，甚至有人說，它對成龜的覓食場的忠誠度也很高。因此，有可能其產卵洄游是一種固定的產卵地——覓食地雙向洄游的型態。至於綠蠵龜如何在茫茫的大海中找到千里外出生沙灘的問題，雖然有許多假說提出，有人說海龜能「記憶」其出生地之地磁方向以及其與磁軸的仰角，有人說海龜能「記憶」其出生地之沙灘的物理、化學特性……。不過，有一點我們可以確定的是，不同沙灘上產卵的母龜，其 DNA 之排序會有所不同。

　　海龜的大洋洄游特性，使得人們對牠在海上的分布範圍以及洄游路徑，一直不甚了解。在過去，各種標識法，也就是將各種型式的標籤，固定於龜殼或前、後鰭上，曾廣泛用於追蹤海龜的去向，效果十分的不佳。近年來，隨著科技的高度發展，一些先進的技術，如人造衛星追蹤法、分子生物技術等都廣泛應用於這方面的研究，成效相當不錯。譬如說，根據我們兩年的研究得知，去年裝置人造衛星發報器的兩隻綠蠵龜會向北游去，而今年上標的三隻海龜中，有兩隻（望安三、四號）向南洄游，第三隻（望安五號）則向北洄游。這些技術雖然尚在發展之中，但牠們的發展潛力，卻是有

目共睹的。

海龜的保育

　　儘管人類對海龜的保育日益重視，但牠們並未因此而脫離滅種的厄運。愈來愈多的調查及研究顯示，海龜的保育，並非靠劃設一個保護區或是一個國家的努力，就可達成的。海龜的保育需從整個海域以及整個生態系的研究著手，需要全國人民均有共識，以及海龜洄游所及的國家均能攜手合作，參與其事，海龜的保育，方可奏效。否則一個地區或是國家努力保護下的海龜，在另一地區遭到捕殺的話，會使所有的保育努力，均化為烏有。

　　事實上，在人類對自然資源需求量不斷增加的今天，海龜保育的工作和海岸及淺海的環保努力是息息相關的。要知道，沒有良好的產卵及覓食環境，海龜是無法在此安心的過日子。我們認識綠蠵龜，是要懂得如何愛惜牠，珍惜牠能繼續生活在我們的海域中，而不是抓起來，收藏在水族館中當成活標本來展示牟利，或是賣給善男信女去放生。

　　二十一世紀的人類講求與大自然共存，要能夠達到此點，我們必需喚起民眾對自己週遭環境重視的覺醒。唯有當地人重視自己的本土資源和環境整潔，牠才會保存下來。在這項努力上，民眾及學

校的教育和社區的參與將是落實海龜保育工作的要件。綠蠵龜是否能長久生活在臺灣的海域，是否能繼續在澎湖的望安產卵，將是我們環保工作成效的試金石。事實上，不是所有野生動物的保育工作，都需先注重其棲息地的完整性嗎？

（1995 年 11 月號）

100台北市重慶南路一段37號

臺灣商務印書館　收

對摺寄回，謝謝！

傳統現代　並翼而翔

Flying with the wings of tradtion and modernity.

讀者回函卡

感謝您對本館的支持，為加強對您的服務，請填妥此卡，免付郵資寄回，可隨時收到本館最新出版訊息，及享受各種優惠。

■ 姓名：＿＿＿＿＿＿＿＿＿＿＿＿　　性別：□ 男　□ 女
■ 出生日期：＿＿＿＿＿年＿＿＿＿＿月＿＿＿＿＿日
■ 職業：□學生　□公務(含軍警)　□家管　□服務　□金融　□製造
　　　　　□資訊　□大眾傳播　□自由業　□農漁牧　□退休　□其他
■ 學歷：□高中以下（含高中）□大專　□研究所（含以上）
■ 地址：＿＿＿＿＿＿＿＿＿＿＿＿＿＿＿＿＿＿＿＿＿＿
　　　　　＿＿＿＿＿＿＿＿＿＿＿＿＿＿＿＿＿＿＿＿＿＿
■ 電話：(H)＿＿＿＿＿＿＿＿＿＿　(O)＿＿＿＿＿＿＿＿＿＿
■ E-mail：＿＿＿＿＿＿＿＿＿＿＿＿＿＿＿＿＿＿＿＿＿
■ 購買書名：＿＿＿＿＿＿＿＿＿＿＿＿＿＿＿＿＿＿＿
■ 您從何處得知本書？
　　　□網路　□DM廣告　□報紙廣告　□報紙專欄　□傳單
　　　□書店　□親友介紹　□電視廣播　□雜誌廣告　□其他
■ 您喜歡閱讀哪一類別的書籍？
　　　□哲學‧宗教　□藝術‧心靈　□人文‧科普　□商業‧投資
　　　□社會‧文化　□親子‧學習　□生活‧休閒　□醫學‧養生
　　　□文學‧小說　□歷史‧傳記
■ 您對本書的意見？（A/滿意　B/尚可　C/須改進）
　　　內容＿＿＿＿＿＿編輯＿＿＿＿＿校對＿＿＿＿＿翻譯＿＿＿＿＿
　　　封面設計＿＿＿＿＿價格＿＿＿＿＿其他＿＿＿＿＿
■ 您的建議：＿＿＿＿＿＿＿＿＿＿＿＿＿＿＿＿＿＿＿＿＿

※ 歡迎您隨時至本館網路書店發表書評及留下任何意見

臺灣商務印書館　The Commercial Press, Ltd.

台北市100重慶南路一段三十七號　電話：(02)23115538
讀者服務專線：0800056196　傳真：(02)23710274
郵撥：0000165-1號　E-mail：ecptw@cptw.com.tw
網路書店網址：http://www.cptw.com.tw　部落格：http://blog.yam.com/ecptw
臉書：http://facebook.com/ecptw